U0386984

羊肚菌生物学基础、菌种分离制作与高产栽培技术

贺新生 著

科学出版社

北京

内 容 简 介

本书是一部关于羊肚菌生物学基础、菌种分离技术、菌种生产技术、规模化栽培技术的专门著作。首次系统地介绍了羊肚菌的生物学、物种多样性、生态学、生理学、高产栽培原理，解密了羊肚菌原始菌种的分离技术、母种培养技术、营养料袋制作技术、原种和栽培菌种生产的技术，详细介绍了规模化、商业化栽培羊肚菌的工艺操作流程、大田的各种栽培模式和技术，特别介绍了室内栽培技术，病虫害防治技术，对大面积不出菇的原因进行了系统的分析。全书对重要的细节问题都用精美的彩色图片加以详细说明，重要的技术环节都有技术数据参数和详细的设备、材料、原料清单，是广大羊肚菌研究者、栽培者、爱好者的一部实验和生产操作手册。

适宜的读者包括羊肚菌研究者、生产者、爱好者，可供农业、园艺、食药用菌、林业等行业的读者、大专院校相关专业的师生参考。

图书在版编目（CIP）数据

羊肚菌生物学基础、菌种分离制作与高产栽培技术/贺新生著. —北京：科学出版社，2017.5（2023.11 重印）

ISBN 978-7-03-052605-2

Ⅰ. ①羊…　Ⅱ. ①贺…　Ⅲ. ①羊肚菌-生物学-研究 ②羊肚菌-菌种分离-研究 ③羊肚菌-栽培技术　Ⅳ.①S646.7

中国版本图书馆 CIP 数据核字（2017）第 085164 号

责任编辑：张　展　黄　桥 / 责任校对：韩雨舟
责任印制：罗　科 / 封面设计：墨创文化

科 学 出 版 社 出版

北京东黄城根北街 16 号
邮政编码：100717
http://www.sciencep.com

成都锦瑞印刷有限责任公司印刷

科学出版社发行　各地新华书店经销

*

2017 年 5 月第　一　版　开本：A5（890 × 1240）
2023 年 11 月第八次印刷　印张：8 3/8
字数：270 000

定价：198.00 元

（如有印装质量问题，我社负责调换）

前　言

　　自 2010 年以来，羊肚菌大田栽培技术取得了突破性的进展，实现了能够稳定盈利的商业化栽培技术模式。以前所有的技术都是研究性的技术，达不到具有经济效益的子实体产量。而过去出版的介绍羊肚菌的书籍都是对上一个世纪的羊肚菌生物学基础、栽培技术进行的综述和总结，以及对国内外研究现状和技术的简介。

　　由于众多的羊肚菌从业人员对羊肚菌的基本生物学特性等基础理论的认识存在很大的误区，很多研究者、生产者、爱好者都自己分离和生产菌种，并进行大田栽培，结果是产量很低或无收成。很多羊肚菌的推广机构推广不可靠的菌种和栽培技术，导致了每年有数千亩甚至上万亩大田产量很低或绝收，农户和各种投资主体的总体损失在 1 亿元以上，单个生产者最多损失达 500 万元以上。例如：2015/2016 年度，全国各地发展 25000 亩羊肚菌，由于自然和人为的原因，仅仅有 5%～10%的面积能够有理想的利润，剩下的 30%保本，60%以上的投资血本无归。本书的出版将为众多羊肚菌研究者、生产者、爱好者进行羊肚菌的研究和生产提供帮助，有助于保护羊肚菌生产者的经济利益。

　　本书是对近几年完全成熟的羊肚菌栽培技术的全面总结、优化和揭密。通过图文并茂的方式，全面介绍了羊肚菌生物学基础、菌种分离和制作技术、规模化栽培技术，其中包括羊肚菌的形态学特征、生活史与生活循环、物种多样性、生态学、生理学，首次分析了羊肚菌的高产栽培原理，揭密了羊肚菌菌种的各种分离方法、大规模生产羊肚菌菌种的关键技术、营养料袋的制作技术，系统分析了营养料袋的原理和机制，羊肚菌高产栽培的工艺流程，羊肚菌栽培的数种新模式，羊肚菌栽培过程中的生理病害、虫害、杂菌病害等病虫害及其防治方法。

　　本书是一部操作手册性的专著，所有生物学的细节、分离菌种、制作菌种、栽培操作环节、病虫害等内容都有第一手高清的技术图片，直观清楚，让读者一目了然。同时在书中详细列举了各种生产要素的技术参数和具体的数据指标，读者完全可以按照这些参数实际操作，自己进行菌种的分离和制作，以及大田的栽培，不需要参加任何高价的技术培训，按书中介绍的具体方法就可以投入羊肚菌的商业化、规模化生产。

　　参与本书文字撰写、图片整理、校对的人员有(按姓氏拼音排序)：陈波、冯望、贺新生、胡茂、林琦、刘超洋、刘桥、钱雪情、王贺锟元、王茂辉、王银、吴颖、谢敬宜、姚珂、尤雅、袁小红、张能、张亚斌、赵苗、周莉、竹文坤等。

　　著者的研究和专著的撰写工作得到了社会各界的大力支持，在此特别感谢(按姓氏拼音排序)：蔡玲、陈文新、陈能、陈思凡、邓刚、丁光学、杜习慧、郭建、何培新、何卫、胡浩、霍宏昌、黄春贵、孔林忠、兰顺明、贾中科、贾标、雷安兵、雷昌龙、赖小荣、冷天友、李存才、李登科、李广来、李静、李龙、李向阳、林真福、刘金亮、刘蓉、刘世明、刘伟、刘文智、刘文安、刘学峰、龙章富、吕智敏、路等学、马欣、庞辉、蒲敏、瞿靖华、邱春坑、任证权、冉进松、苏德武、石代勇、谭方河、唐英、王楠、吴光顺、王斌、王东、王冬梅、王发金、王俊明、王茂如、王启兰、王钦、王三洪、王正前、汪国俊、夏小兵、肖兴强、谢嗣国、谢德松、谢林森、谢翔、席成友、席桢鹏、向仕喜、杨富海、杨平、杨琼、易登科、尹继庭、严敬平、杨国春、杨国宝、俞强、蒲永军、曾先富、曾启啸、曾德富、詹晓峰、张德品、张家荣、张华军、张平、张前勇、张铁、张榜华、张雄、赵金亮、左斌，等等人士。

　　我们的羊肚菌研究工作得到了国家自然科学基金(No. 21272189)、四川省科技厅重点项目等的资助，本书的出版得到了西南科技大学研究生院重点学科建设基金、生命科学与工程学院生物学博士点建设基金、山东诸城市良工机械有限公司、广元市青川县智农农业开发有限公司等的资助。西南科技大学和生命科学与工程学院历届领导对本项目的研究工作给予了长期的关注和支持。科学出版社的黄桥等编辑老师们在文稿的编辑处理方面给予全力帮助。在此一并致谢！

考虑到读者的习惯，书中的土地面积单位仍然使用亩作单位。羊肚菌的研究还有很多需要深入的地方，本书的观点和见解仅仅是我们目前的认知水平，不妥之处敬请读者谅解。

作者

2016 年 9 月

目　　录

第一章 羊肚菌概述

第一节 名称与分类地位

羊肚菌是羊肚菌科羊肚菌属（*Morchella*）内所有种类的统称，并不是指一个具体的物种。羊肚菌属 *Morchella* **Dill. ex Pers.**，*Neues Mag. Bot.* **1**：116（1794）是由 Dill.和 Pers.于 1794 年建立，是大型真菌（Mushrooms，蕈菌）特别是子囊菌中最重要、最著名、最美味的食用蕈菌。在 Index Fungorum 官方网站上记载了该属下有 332 个传统的分类单元，分子系统学研究至少有 60 多个独立的系统学物种。

羊肚菌在现代菌物分类学上属于真菌界（Fungi），子囊菌门（Ascomycota），盘菌亚门（Pezizomycotina），盘菌纲（Pezizomycetes），盘菌亚纲（Pezizomycetidae），盘菌目（Pezizales），羊肚菌科（Morchellaceae），羊肚菌属 ［*Morchella* **Dill. ex Pers.**，*Neues Mag. Bot.* **1**：116（1794）］。

羊肚菌属中常见的物种有：

狭脉羊肚菌 *Morchella angusticeps* **Peck**，*Bull. N.Y. St. Mus. nat. Hist* **1**（no.2）：19（1887）；多脉羊肚菌 *M.costata* **Pers.**，*Syn. meth. fung.*（Göttingen）**2**：620（1801）；粗柄羊肚菌 *M. crassipes*（**Vent.**）**Pers.**，*Syn. meth. fung.*（Göttingen）**2**：621（1801）；美味羊肚菌 *M. deliciosa* **Fr.**，*Syst. mycol.*（Lundae）**2**（1）：8（1822）；高顶羊肚菌 *M. elata* **Fr.**，*Syst. mycol.*（Lundae）**2**（1）：8（1822）；可食羊肚菌 *M. Esculenta*（**L.**）**Pers.**，*Syn. meth. fung.*（Göttingen）**2**：618（1801）；危地马拉羊肚菌 *M. guatemalensis* **Guzmán**，**M.F. Torres & Logem.**，*Mycol. helv.* **1**（6）：452（1985）；梯棱羊肚菌 *M. importuna* **M. Kuo**，**O'Donnell & T.J. Volk**，in Kuo，Dewsbury，O'Donnell，Carter，Rehner，Moore，Moncalvo，Canfield，Stephenson，Methven & Volk，*Mycologia* **104**（5）：1172（2012），如图 1-1 所示；花园羊肚菌 *M. hortensis* **Boud.**，*Bull. Soc. mycol. Fr.* **13**：145（1897）；展开羊肚菌 *M. patula* **Pers.**，*Syn. meth.*

fung.(Göttingen)**2**：619(1801)；红棕羊肚菌 *M. rufobrunnea* Guzmán &

F. Tapia ，*Mycologia* **90**(4)：706
(1998)；硬直羊肚菌 *M. rigidoides* R.
Heim，*Revue Mycol.*，Paris **31**：
158(1966)；七妹羊肚菌 *M. septimelata*
M. Kuo，in Kuo，Dewsbury，
O'Donnell，Carter，Rehner，Moore，
Moncalvo， Canfield， Stephenson，
Methven & Volk，*Mycologia* **104**(5)：
1159-1177(2012)； 六 妹 羊 肚 菌 *M.*
sextelata M. Kuo，in Kuo，Dewsbury，
O'Donnell， Carter， Rehner， Moore，
Moncalvo ， Canfield ， Stephenson ，
Meth-ven & Volk，*Mycologia* **104**(5)：
1159-1177(2012)； 离盖羊肚菌 *M.*

图 1-1　栽培的梯棱羊肚菌子实体

smithiana Cooke，*Mycogr.*，Vol. **1**. Discom.(London)(no.5)：184
(1878)；哇泼拉羊肚菌 *M. vaporaria* Brond.，*Rec. Pl. Crgpt. Agenais*
(Agen)**3**：33，tab. 9(1830)［1828-1830］。

　　目前国内栽培的物种主要是梯棱羊肚菌、六妹羊肚菌、七妹羊肚
菌。其他的物种栽培量很少，最新驯化成功的有 *Mel*-21，但产量不高
或不出菇，有的物种甚至根本没有栽培。

第二节　营 养 价 值

　　羊肚菌风味独特、味道鲜美、嫩脆可口、营养极为丰富。它既是宴
席上的珍品，又是医学中久负盛名的良药，过去常作为敬献皇帝的滋补
贡品。而如今羊肚菌已成为出口西欧国家的高级食品，是一种不含任何
激素，无任何副作用的天然保健食品，是人类最理想的健康食品。

　　据测定，干羊肚菌子实体中含水分 13.6%，蛋白质 24.5%，脂肪
2.6%，碳水化合物 39.7%，热量为 280 千卡，粗纤维 7.7%，灰分 11.9%。

以及 VB13.92mg/100g 干菇,核黄素 2.49,烟酸 82.0,泛酸 8.70,抗坏血酸 5.80,吡哆醇 5.8,叶酸 3.48,生物素 0.75,VB120.0036。其蛋白质中有 44.14%~49.10%为氨基酸,共 19 种,有 9 种人体必需氨基酸,其中包括:精氨酸 7.85%,组氨酸 2.12%,异亮氨酸 2.70%,亮氨酸 5.12%,赖氨酸 3.84%,苯丙氨酸 2.51%,苏氨酸 2.95%,缬氨酸 3.36%,色氨酸 0.86%,除色氨酸外,其余必需氨基酸含量均比面包、牛肉、牛奶、鱼粉的含量高。

在深层发酵的菌丝体中,水分含量为 83.6%~90.32%,干物质中含蛋白质 29.16%~3.13%,脂肪 2.97%~3.13%,粗纤维 1.78%~1.96%,灰分 0.96%~1.12%,100g 蛋白质中含异亮氨酸 2.72~2.76g,亮氨酸 5.00~5.16g,赖氨酸 3.80~3.84g,苏氨酸 3.10~3.20g,蛋氨酸 0.96~0.98g,色氨酸 1.10~1.12g,精氨酸 3.96~4.00g,组氨酸 1.76~1.84g,苯丙氨酸 3.12~3.16g,并含有核黄素、烟酸、VB1、泛酸、VB6、VB12、吡哆醇、叶酸、生物素、胆酸、肌醇等。羊肚菌中含有特殊的香味物质,加上其中赖氨酸、精氨酸等含量高,使之成了良好的调味品和食品添加剂。

羊肚菌子实体可以入药。其性平,味甘寒,无毒,具有益肠胃、消化助食、化痰理气、补肾、壮阳、补脑、提神之功能。主治脾胃虚弱、消化不良、痰多气短、精神亏损等,对精肾亏损,阳痿不举,性冷淡,饮食不振,肠胃炎症,饮食不振,头晕失眠有良好的治疗作用。长期食用可防癌、抗癌、抑制肿瘤、预防感冒、增加人体免疫力的效果,在医学上和保健上有重要的开发价值。

羊肚菌生长在山区,自然发生,一年只长一次,每个物种每年发生时间仅 1~2 周。由于受地理、资源、气候等条件限制,产量稀少,采集十分困难,无法形成大规模的商品化采集。它们在山地上自生自灭,绝大部分没有被人们发现。商品羊肚菌(干品)主要通过采集天然野生资源获得,货源稀缺。在四川各县历年的干品收购价为 600~1200 元/kg,很难收到。每个生产县的总产量不足 20kg,所以很难形成商品化产量。近几年来羊肚菌干品在我国零售价一直稳定在 1000~2500 元/kg,特别是在西欧国家更加昂贵,需要大量货源。

作为一类珍稀的食用和药用蕈菌，羊肚菌在欧洲被认为是仅次于块菌(truffle)的珍稀菌类，其肉质脆嫩；香甜可口，是世界各国消费者高价索求的珍品，国际市场上的价格在200~400美元/kg。

由于目前羊肚菌的栽培还在深入研究阶段，还不能进行大规模人工栽培，野生资源又有限，价格昂贵，因此，羊肚菌的栽培及开发利用有着广阔的市场前景。

第三节 规模化生产概况

云南省的栽培者在2002年开发的一种山区羊肚菌栽培技术，采用纯菌种加栽培原料覆土进行栽培，近10年来每年都有1000亩以上的栽培面积，鲜菇产量10~35kg/亩。由于无法获得高产，该栽培模式已经被替代。

2005年以来，四川省有关机构开发出了大田直接播种加土面营养料袋的技术，获得较高的产量，多年平均产量在100~200kg/亩，如图1-2所示，具有较好的商业应用前景，推广速度较快。

图1-2 四川省的高产栽培模式

在四川省羊肚菌大面积商业化栽培的地市县如下：

成都市：金堂、大邑、温江、郫县、彭州、新都；德阳市：什邡、中江、绵竹；绵阳市：游仙、涪城、安县、江油、北川；资阳市；简阳市；凉山州：西昌、德昌；宜宾市：宜宾县；甘孜州：康定、炉霍；阿坝州：松潘；以及广元市、南充市、达州市、巴中市等。近几年来，实施这一栽培模式的地市县每年的栽培面积增加数倍。2012/2013 年度，1500 亩。2013/2014 年度，3500 亩，其中成都市 1000～2000 亩，绵阳市 1000～2500 亩。2014/2015 年度，全国达到 7000～8000 亩的规模，其中四川绵阳市达到 2000 多亩，成都市达到 2500 多亩，广元市达到了 1000 亩以上。2015/2016 年度，全国达到 25000～28000 亩的规模，其中四川省达到 18000 多亩，绵阳市 3000 多亩，广元市青川县达到了 2000 亩以上，成都市 3000 多亩，甘孜州 3000 多亩，德阳市 2000 多亩；重庆市 2000 多亩，云南省 3000 多亩，湖北省有近 2000 亩，河南省 1000 多亩，其他省份 2000 多亩。

四川省的栽培技术在全国达到普及，分别在重庆、湖北、湖南、青海、河北、河南、陕西、山西、甘肃、新疆、西藏、内蒙古、吉林、辽宁、黑龙江、北京等省市得到大面积推广。

第四节　羊肚菌生产投资与效益分析

四川省多年来羊肚菌栽培的鲜菇产量：0.1～500kg/亩。技术成功稳定的产量为 100～500kg/亩，菌种和技术出了问题的面积产量只有 0～50kg/亩。

大田栽培生产季节：上年 11 月到 12 月播种，次年 2 月到 3 月采收，全程 4～5 个月。羊肚菌采收以后播种水稻、玉米等大春作物，不耽误生产季节。

每亩投入：

栽培种：200～300 袋或 400～500 瓶，商品菌种 3000～4800 元/亩，自制菌种成本 750～1000 元/亩；

营养料袋：1600～2000 袋/亩，800～1000 元/亩；

土地租金：1 季，500～600 元/亩；

用工：耕地、搭架、开厢、播种、管水、采收等工作，用工量 15～18 个，800～1000 元/亩；

架材：500～1500 元/亩；

遮阳网：600～1500 元/亩；

保温薄膜：80～120 元/亩；

培养料：0～2t/亩，0～1500 元/亩，可以不使用；

规模化生产合计投入：8000～12000 元/亩。

小规模生产合计投入：4000～5200 元/亩。

鲜羊肚菌产量：100～300kg/亩，多年来的平均单价在 120～200 元/kg 之间。鲜：干=（8～13）：1，干品产量 10～35kg/亩，收购价 700～1000 元/斤，零售价 1300～2000 元/斤。

产值：15000～40000 元/亩，或更多。

纯利润：超过 5000 元/亩。

第二章 羊肚菌物种多样性

第一节 盘菌目中与羊肚菌相关的科

羊肚菌在菌物分类系统中属于子囊菌门，盘菌亚门，盘菌纲，盘菌目，羊肚菌科，羊肚菌属。

盘菌目，Pezizales J. Schröt., in Engler & Prantl, *Nat. Pflanzenfam.*, Teil. **I**(Leipzig) **1**: 173(1894)，是子囊菌门中一个著名的具有大型盘状子实体的目，该目早在 1894 年就已经建立。子实体大小一般在 10mm 以上，子囊果呈明显的盘状，子囊柱状。本目菌物多数种类属于腐生类型，大多数生长在腐殖质丰富的土壤、植物残体或粪上。该目菌物子囊盘自菌丝发生，子实层自始裸露或后期暴露，形状、颜色、质地和大小均有很大差异。子囊果呈盘状、杯状、钟状和羊肚状等；有的颜色非常鲜艳，呈美丽的红色、鲜黄色、蓝色、橙色等，有的则呈褐色或黑色；子实体的质地通常以肉质为主，有时由易碎到革质，罕为胶质；大的直径 10～20cm，小的不足 1cm。子囊多为圆柱形至棍棒形，很少卵形；成熟时以盖开裂或缝裂强力射出孢子。子囊孢子一般为 8 个，可少至 2 个或多至 7000 个以上；子囊无色至褐色，很少紫色；大型子囊孢子，一般超过 10μm；外壁平滑或具有纹饰，两极和辐射对称。

戴芳澜(1959 年)将盘菌目划分为 5 科，R. W. G. 丹尼斯(1968 年)和 R. P. 科尔夫(1973 年)均将此目分为 7 科，J. W. 金布罗(1970 年)分为 9 科，J. M. 特拉普(1979 年)分为 12 科，D. L. 霍克斯沃思等人(1981 年)分为 13 科，O. 埃里克松(1982 年)分为 17 科，均有 145 属 870 余种。

Index Fungorum 官网中的菌物分类系统中划入该目有 14 个科，分别是：粪盘菌科 Ascobolaceae，链盘菌科 Ascodesmidaceae，丽杯盘菌科 Caloscyphaceae，煤盘菌科 Carbomycetaceae，裂杯菌科 Chorioactida-ceae，平盘菌科 Discinaceae，空果内囊霉科 Glaziellaceae，

马鞍菌科 Helvellaceae, 小窄洞菌科 Karstenellaceae, 盘菌科
Pezizaceae, 火丝菌科 Pyronemataceae, 根盘菌科 Rhizinaceae, 肉杯
菌科 Sarcoscyphaceae, 肉盘菌科 Sarcosomataceae。其中盘菌科、羊
肚菌科、马鞍菌科、地菇科等地子实体相对是属于最大的类型,许多
种类具有食药用价值,可以进行驯化和人工栽培,进而可以进行商业
化开发利用。

羊肚菌科, Morchellaceae **Rchb**. ［as '*Morchellini*'］, *Pflanzenreich*
(Leipzig): 2(1834), 建立于 1834 年。羊肚菌科的子囊果大而具显著
的菌柄, 常有海绵状或钟罩状的菌盖, 菌盖表面呈明显的凹陷状, 髓
囊盘被由交错组织构成, 外囊盘被由角胞组织和矩胞组织构成。子囊
柱形, 非淀粉质, 含孢子 2～8 个, 常为 8 个。子囊孢子椭圆形, 平
滑, 无色, 多核(每个孢子含 20～60 个细胞核), 无油滴, 但在子囊
内孢子两端的造孢剩余原生质中含有大量的小油滴。

羊肚菌科与马鞍菌科 Helvellaceae 的物种在形态上有相似处, 旧
分类系统把羊肚菌属列入马鞍菌科。但二者也有明显的区别, 分子系
统学分析它们在进化系统上属于明显不同的分支, 所以应该承认羊肚
菌科的独立地位。此外, 与羊肚菌科有关联的还有盘菌科、平盘菌科。

一、马鞍菌科

马鞍菌科, Helvellaceae **Fr**. ［as '*Elvellaceae*'］, *Syst. mycol.*(Lundae)
2(1): 1(1822), 建立于 1822 年。马鞍菌科子实体的菌盖呈明显的马
鞍形, 菌盖一或多片, 分离或相互连接, 非凹陷状态。菌盖宽 2～4cm,
蛋壳色至褐色或近黑色, 表面平滑或卷曲, 边缘与柄分离。夏秋季生
于林中地上, 往往成群生长。

马鞍菌属 *Helvella* 子囊果小, 如图 2-1。菌盖呈典型的马鞍形, 宽
2～4cm, 蛋壳色至褐色或近黑色, 表面平滑或卷曲, 边缘与柄分离。
菌柄圆柱形, 内部空心, 长 4～9cm, 粗 0.6～0.8cm, 蛋壳色至灰色。
子囊(200～280)μm×(14～21)μm, 孢子 8 个单行排列。孢子无色,
含一大油滴, 光滑, 有的粗糙, 椭圆形, (15～23)μm×(10～14)μm。
侧丝上端膨大, 粗 6.3～10μm。

图 2-1　白色马鞍菌子实体

白色马鞍菌 *Helvella crispa* (Scop.) **Fr.**, *Syst. mycol.* (Lundae) **2**(1)：14(1822)，如图 2-1 所示。子囊果小型至中型，白色。菌盖直径 1～5cm，呈马鞍形或不规则马鞍形，边缘不完整，与柄分离，上表面即子实层面白色、奶油色、微黄色，平整，下表面灰色或暗灰色，光滑或略有皱纹，无明显粉粒。菌肉薄，脆。菌柄圆柱形或侧扁，稍弯曲，白色、奶油色，长 2.5～12cm，粗 3～8mm，表面有粉粒，基部色淡，内部空心。子囊圆柱形，(240～320)μm×(15～20)μm，含孢子 8 枚，单行排列。侧丝细长，有分隔，不分枝，灰褐色至暗褐色，顶端膨大呈棒状，粗 8～15μm。孢子印白色。孢子无色，光滑，椭圆形，(16～21)μm×(10～14.5)μm，含一大球状物。夏秋季节在阔叶树或针叶树林中地上生长，散生或群生。可食用。但子实体太小，一般无人采集食用。

马鞍菌科的属有：*Acetabula* 棱柄盘菌属≡*Helvella*、*Balsamia* 香膏/味块菌属、*Barssia* 巴斯马鞍菌属、*Biverpa* 双钟菌属≡*Helvella*、*Boletolichen*≡*Helvella*、*Cidaris* 凯氏马鞍菌属、*Coelomorum* 黑腹马鞍菌属≡*Helvella*、*Costapeda* 侧生马鞍菌属≡*Helvella*、*Cowlesia* 僧帽盘菌属≡*Helvella*、*Cyathipodia* 脚杯盘菌属≡*Helvella*、*Elvela* 矮马鞍菌属、*Fuckelina* **Kuntze**≡*Helvella*、*Geomorium* 地畸盘菌属≡*Underwoodia*、*Geoporella* 小地孔盘菌属≡*Hydnotrya*、*Globopilea* 地毡盖盘菌属≡

Helvella、*Gyrocratera* 圆杯盘属菌≡*Hydnotrya*、*Helvella* 马鞍菌属、*Helvelleae* 似马鞍菌属、*Hydnotrya* 地杯/块穴菌属、*Leptopodia* 细脚盘菌属≡*Helvella*、*Leucangium* 白盘马鞍菌属、*Macropodia* 高脚盘菌属≡*Helvella*、*Macroscyphus* 大杯菌属≡*Helvella*、*Midotis* 假歪盘菌属≡*Wynnella*、*Morchelleae* 小羊肚菌属、*Paxina* 网褶马鞍菌属≡*Helvella*、*Phaeomacropus* 暗极小巨盘菌属≡*Helvella*、*Phleboscyphus* 脉杯菌属≡*Helvella*、*Phymatomyces* 肿杯菌属≡*Barssia*、*Picoa* 皮氏块菌属、*Pindara* 槟榔马鞍菌属≡*Helvella*、*Polyphysella* 小多泡盘菌属、*Pseudobalsamia* 伪味块菌属≡*Balsamia*、*Tubipeda* 瘤足盘菌属≡*Helvella*、*Underwoodia* 矮丛耳属、*Wynnella* 小丛耳属。

　　过去的文献把羊肚菌属也划归到马鞍菌科，现在已经划入了羊肚菌科。

二、盘菌科

　　盘菌科，Pezizaceae **Dumort.**，*Syst. mycol.*(Lundae)**3**(1)：72 (1829)，是盘菌目中的一个大科，在栽培羊肚菌的大田常常出现一些盘菌。该科真菌子囊果呈典型的盘状、杯状或透镜状，无柄至有柄，鲜色至暗色，肉质脆而易碎；表面平滑，有绒毛或刚毛。子囊以柱状为主，在碘液中顶端或全体呈蓝色反应，子囊内有 8 个孢子，成熟后强力放射。该科真菌分布广泛。常见的属为盘菌属、肉球菌属。棕黑盘菌、冠裂球肉盘菌是中国常见的种。

　　盘菌科中的属包括：*Adelphella* 兄弟盘菌属、*Aleuria*(**Fr.**)**Gillet**≡*Peziza*、*Aleurina*(**Sacc.**) **Sacc. & P. Syd.**≡*Peziza*、*Amylascus* 粉杯盘菌属、*Aquapeziza* 晶盘菌属、*Boudiera* 波氏盘菌属、*Calongea* 丽皮菌属、*Caulocarpa* 茎果盘菌属≡*Sarcosphaera*、*Cazia* 咔氏盘菌属、*Chromelosporium* 色孢盘菌属≡*Ostracoderma*、*Clelandia* 灿地盘菌属≡*Mycoclelandia*、*Cryptica* 亚隐盘菌属≡*Pachyphlodes*、*Daleomyces* 明盘菌属≡*Peziza*、*Detonia* 显盘菌属≡*Plicaria*、*Discaria* 亚盘菌属≡*Plicaria*、*Durandiomyces* 硬山盘菌属≡*Peziza*、*Eremiomyces* 孤盘菌属、*Galactinia* 乳盘菌属≡*Peziza*、*Geoscypha* 地杯盘菌属≡*Peziza*、*Glischroderma* 胶

皮盘菌属、*Gonzala* 突角盘菌属≡**Peziza**、*Gorodkoviella* 哥氏盘菌属≡**Pachyella**、**Hapsidomyces** 哈氏盘菌属、*Heteroplegma* 异绞盘菌属≡**Peziza**、**Hydnobolites** 粒块菌属、*Hydnoplicata* 折齿盘菌属≡**Peziza**、**Hydnotryopsis** 拟块状盘菌属、*Infundibulum* 漏斗盘菌属≡**Peziza**、**Iodophanus** 碘光盘菌属、**Iodowynnea** 蓝丛耳属、*Iotidea* 锈侧盘菌属≡**Peziza**、**Kalaharituber** 卡拉哈里块菌属、**Kimbropezia** 科布盘菌属、*Lepidotia* 侧生盘菌属≡**Peziza**、*Leptopeza* 瘦小盘菌属≡**Plicaria**、*Lycoperdellon* 灰包盘菌属≡**Plicaria**、*Mattirolomyces* 蒔盘菌属≡**Plicaria**、**Muciturbo** 黏盖盘菌属、**Mycoclelandia** 封闭绵毛盘菌属、*Napomyces* 林地盘菌属≡**Peziza**、*Ostracoderma* 壳皮盘菌属、**Pachyella** 厚盘菌属、**Pachyphlodes** 厚皮盘菌属、*Pachyphloeus* 厚胶盘/疣膜块菌属≡**Pachyphlodes**、**Paramitra** 伪地杖菌属、*Peltidium* 类小楯盘菌属≡**Pachyella**、*Peziza* 盘菌属、*Pfistera* 铜币样盘菌属≡**Peziza**、*Phaeopezia* 暗盘菌属≡**Peziza**、*Phaeobarlaea*≡**Plicaria**、*Plicaria* 叠盘菌属、**Plicariella** 小皱褶盘菌属、*Podaleuris* 平足盘菌属≡**Peziza**、**Rhodopeziza** 红盘菌属、**Ruhlandiella** 努氏盘菌属、**Sarcosphaera** 肉球盘菌属、*Scabropezia* 粗糙盘菌属≡**Plicaria**、*Scodellina* 思科德盘菌属≡**Peziza**、**Sphaerozone** 带弹球菌属、**Stouffera** 斯托夫盘菌属、*Svrcekia* 斯维克盘菌属≡**Boudiera**、**Temperantia** 有限盘菌属、**Tirmania** 蹄氏盘菌属、*Tomentelleopsis* 拟空地盘菌属≡**Ostracoderma**、*Tremellodiscus* 银耳盘菌属≡**Ruhlandiella**、**Ulurua** 乌鲁鲁盘菌属。

盘菌属，**Peziza** Dill. ex Fr.，*Syst. mycol.*（Lundae）**2**（1）：40（1822）。子实体小型至大型，广泛分布。子实体为浅黄褐色或亮褐色的、无柄的盘状或杯状子囊盘，直径 1～20cm，甚至 30cm，厚度 0.5～5mm，表面光滑，一般无毛或刺状物，背面有白色粉状的颗粒物。子囊棒状具囊盖，内含有 8 个单核的、无色透明或褐色的、球形的、卵形的、伸长的子囊孢子，每个子囊孢子含 1～3 个球状物。羊肚菌栽培地中容易出现的盘菌有：

1. 疣孢褐盘菌，**P. badia** Pers.，*Observ. mycol.*（Lipsiae）**2**: 78（1800）
［1799］

子囊盘中型至大型，如图 2-2 所示。单生或有丛生，直径 1～15cm，先深杯状后平展或开裂，先肝褐色、肉褐色，后变黑褐色、暗褐色，内表面光滑，外表面不光滑、有白色颗粒状物，无柄。菌肉厚 3～5mm，红褐色、褐色、棕褐色，肉质或似胶质，脆。子囊圆柱形，有孢子部分较粗，下部为子囊柄，总长 150～230μm，直径 3～17μm，有孢子部分为子囊全长的 1/2 左右，子囊孢子单行排列；测丝浅黄色，细长，有横隔膜，顶部稍膨大，（130～240）μm×（3～5）μm。孢子无色或浅色，椭圆形，有明显网纹，内有 1～2 个球状物，（18～22）μm×（7～10）μm。

图 2-2 幼嫩和成熟的子囊果

　　该种的明显特征是子实体内表面先是肝褐色，成熟后变深橄榄色，孢子表面有明显的网纹。子实体无柄，外表面先白色后红褐色、有明显的白色颗粒状物，菌肉薄、红褐色。生长在土壤或沙地上。子囊盘呈浅褐色的类似的物种有珠孔盘菌 *P. micropus* Pers., *Icon. Desc. Fung. Min. Cognit.*（Leipzig）**2**: 30（1800）、波缘盘菌 *P. repanda* Wahlenb., *Fl. Upsal.*: 466（1820）和多变盘菌 *P. varia*（Hedw.）Alb. & Schwein., *Consp. fung.*（Leipzig）: 311（1805），多生长在腐木上、倒木或其他基物上。春夏季发生在林中地上，也常常发生在覆土栽培的球盖菇 *Stropharia rugosoannulata* Farl. ex Murrill，*Mycologia* **14**（3）: 139（1922）、双孢蘑菇 *Agaricus bisporus*（J. E. Lange）Imbach，*Mitt. naturf. Ges. Luzern* **15**: 15（1946）菌床的土壤上，大棚栽培蔬菜地上也有发生。可以食用。但子囊果易破碎，无采集价值。

同物异名：*Galactinia badia*（**Pers.**）**Arnould**，*Bull. Soc. mycol. Fr.* **9**：111（1893）；*Helvella cochleata* **Bolton**，*Hist. fung. Halifax*（Huddersfield）**3**：99, tab. 99（1790）［1789］；*Plicaria badia*（**Pers.**）**Fuckel**，*Jb. nassau. Ver. Naturk.* **23-24**：327（1870）［1869-70］；*Scodellina badia*（**Pers.**）**Gray**，*Nat. Arr. Brit. Pl.*（London）**1**：669（1821）。

2. 泡囊盘菌，***P. vesiculosa* Bull.**，*Herb. Fr.* **10**：tab. 457，fig. 1（1790）

子囊果中型，如图 2-3 所示。盘状，单生、群生。子囊盘直径 3～5cm，先杯状后平盘状，土肉褐色、土灰褐色，内侧表面光滑，有的表面有泡囊状突起；外侧表面近白色、黄褐色，有颗粒状物；边缘规则，粗糙。菌肉肉褐色，脆，厚 1.3～1.4mm，味淡；分为明显的 2 层：子实层厚度 400～440μm，颜色较下层深，为棕褐色，下层菌肉肉褐色。无柄或基部，有菌丝束与土壤相连接。子囊圆柱形，近无色，（300～350）μm×（24～25）μm，有孢子部分约占 1/3，长 120～140μm，子囊顶端封闭无囊盖，每个子囊内有 8 个孢子，孢子单行排列；侧丝丝状，有隔膜，光滑，无色，（280～320）μm×（5～7）μm。子囊孢子椭圆形，光滑，近无色，显微镜观察时易呈紫红色的壁，中央均匀或有一个球状物，（20～22.5）μm×（12～13）μm。

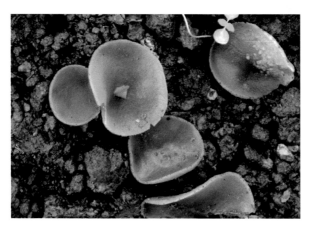

图 2-3　子囊果表面及其泡囊状物

Bull（1790 年）发表 *Peziza vesiculosa* **Bull.**，*Herb. Fr.* **10**: tab. 457，fig. 1（1790）的原始文献记载的孢子大小为（19～23）μm×（12～13）μm，子囊内孢子从顶部开始排列，本标本最上端的孢子离子囊顶部 1～2 个孢子长度的距离。形态上相似的物种有：软肉盘菌 *P. succosa* **Berk.**，*Ann. Mag. Nat. Hist.*，Ser.1 **6**: 358（1841）的孢子不光滑，有小突，大小（16～22）μm×（8～12）μm；疏忽盘菌 *P. praetervisa* **Bres.**，*Malpighia* **11**（6-8）: 266（1897）的孢子有小麻点，较小为（11～13.5）μm×（6～8）μm。各种中文文献和外文的网络文献上记载有林地盘菌 *P. sylvestris*（Boud.） Sacc. et Trott.这个物种及其学名，但是在 Index Fungorum 的目录中没有这个学名，相近拼法的学名只有 *P. sylvatica* **R. Ludw.**，*Palaeontographica*，Abt. B **8**: 57+pl. 8, fig. 12（1859）。夏秋季生长在林中地上，标本采自灵芝覆土栽培地。

据文献记载，这类盘菌可以食用。因其子实体与木耳相似，当地人常将其与木耳混淆。其子实体易碎，生长环境不洁净，常含有泥沙，一般无人采食。

3. 残波盘菌，*P. repanda* **Wahlenb.**，*Fl. Upsal.*: 466（1820）

子囊果大型，如图 2-4 所示。盘状，单生或丛生。子囊盘直径 3～25cm，先杯状后平展呈盘状，黄褐色、褐色、肉褐色，内侧表面光滑；外侧表面白色、黄白色，粗糙；边缘不规则，粗糙，常常破裂。菌肉黄白色，脆，厚 2～5mm。有一明显的基部，近似柄，有菌丝束与土壤相连接。子囊圆柱形，（190～270）μm×（8～14）μm，有孢子部分约占 1/2，长 80～110μm，每个子囊内有 8 个孢子，孢子单行排列，侧丝丝状。子囊孢子椭圆形，光滑，近无色，中央均匀，（15～16.5）μm×（9.5～10.5）μm。

该标本的孢子大小与原始文献记载的相近，该物种同物异名 *Discina repanda*（**Wahlenb.**）**Sacc.**，*Syll. fung.*（Abellini）**8**: 100（1889）的孢子椭圆形，含有 2 个液滴，光滑，大小为（18～20）μm×10μm，侧丝丝状；学名 *Peziza repanda* sensu **Karsten**（**MF: 54**）；fide Saccardo（1889）的孢子较小，土褐色，光滑，椭圆形，为（12～14）μm×（7～8）μm；孢子直径均未超过 10μm。形态上近似的物种 *Peziza vesiculosa*

Bull.,*Herb. Fr.* **10**：tab. 457，fig. 1（1790）的孢子较大，为（20～23）μm×
（10～14）μm，直径超过10μm，而本物种的孢子直径最大才达到10μm。
***Peziza sylvatica* R. Ludw.**，*Palaeontographica*，Abt. B **8**：57+pl. 8，fig.
12（1859）的孢子（15～20）μm×（8～11）μm。夏秋季生长在腐木、腐烂
木屑堆、有人活动的临时居住地的土壤上。文献记载可以食用。但子
实体易碎，生长环境不洁净，一般无人采食。

图 2-4　残波盘菌子实体

三、平盘菌科

　　传统上认为鹿花菌属于马鞍菌科。但据分子系统学对核糖体 DNA 的
研究发现，鹿花菌与亚平盘菌属 ***Discina*** 较为接近，连同 ***Pseudorhizina***、
Hydnotrya、***Gyromitra*** 组成新的平盘菌科 Discinaceae **Benedix**，*Z. Pilzk.*
27（2-4）： 100（1962）［1961］。

　　平盘菌科中的属有：***Discina*** 平亚盘菌属、*Discinella* 小圆盘菌属≡
Discina、*Fastigiella* 小顶盘菌属≡***Gyromitra***、*Gymnohydnotrya* 裸地杯盘
菌属、*Gyrocephalus* 圆头盘菌属≡***Gyromitra***、***Gyromitra*** 鹿花菌属、
Gyromitrodes 拟鹿花菌属≡***Pseudorhizina***、***Hydnotrya* Berk. & Broome**，
Ann. Mag. nat. Hist.，Ser. 1 **18**：78（1846）、*Helvellella* 小马鞍菌属≡
Pseudorhizina、*Maublancomyces* 摩氏马鞍菌属≡***Gyromitra***、*Neogyromitra*
新鹿花菌属≡***Gyromitra***、 *Ochromitra* 赭地杖菌属≡***Pseudorhizina***、
Paradiscina 假平盘菌属≡***Gyromitra***、*Physomitra* 泡地杖菌属≡***Gyromitra***、
Pleopus 极小腹盘菌属≡***Gyromitra***、***Pseudorhizina*** 伪根盘菌属。

　　与羊肚菌形态最相似或最容易被采集者混淆的是鹿花菌。鹿花菌学名：***Gyromitra esculenta***（**Pers.**）**Fr.**，*Summa veg. Scand.*，Sectio Post.（Stockholm）：346（1849），又称为鹿花蕈或河豚菌，是鹿花菌属下的假羊肚菌，分布在亚洲、欧洲及北美洲。它们生长在针叶林的沙质土壤，于春天及初夏长成。食用未处理的鹿花菌可以致命，中毒的症状包括在食用后几小时出现呕吐及腹泻，接着是头昏、昏睡及头痛。严重的可以导致谵妄及昏迷，5～7d后可能会死亡。但在斯堪的纳维亚、东欧及北美洲的五大湖地区鹿花菌是一种著名的美食，已经成为全球贸易中一个销售量非常大的野生食药用菌之类。一般在处理鹿花菌时会将之煮成半熟，滤掉汤汁，处理后的鹿花菌可以作为西式蛋饼或汤的材料，也可以炒、煎、炖等方式来食用。

　　鹿花菌首先是于1800年由Christian Hendrik Persoon所描述，并被分类在马鞍菌属下。后来于1849年被Elias Magnus Fries分类到鹿花菌属下。鹿花菌属学名"*Gyromitra*"的古希腊文意思是"圆头饰带"。种名加词"*esculenta*"是拉丁文"可食用"的意思。

　　世界各地有许多不同类型的假羊肚菌，在春季发生，外观与羊肚菌非常相似，主要是鹿花菌属的许多种类：***Gyromitra ambigua***，***G esculenta***，***G gigas***，***G brunnea***，和***G caroliniana***等。它们的名称与羊肚菌也容易混淆，但是，只要注意区别它们的不同，还是容易识别的。

　　在羊肚菌任何生长的地方几乎都有假羊肚菌发生。有文献记载假羊肚菌可能有致命的毒性。假羊肚的毒素是MMH，或单甲基肼（monmethyl-hydrazine，该化合物也是火箭的燃料）。这种毒素会在人体内积累，安全地吃了几年的假羊肚菌后会提高中毒的可能性，可能某一天吃了假羊肚菌后就会突然中毒。因此，真假羊肚菌一定不能搞混。识别真假羊肚菌的最重要的几条规则是：

　　1）如果有怀疑则扔掉

　　如果不能100%确认采到的蘑菇是羊肚菌，最好的办法是扔掉。

　　2）菇上是否有凹坑

　　羊肚菌菌盖表面是有凹坑和明显的脊。子囊果上展开的脊片黑色或黄色半开状，菌柄从头到尾都是空心的。假羊肚菌上有展开的薄片，但菌体是肉质实心的。有时假羊肚菌上也散布有口袋状的凹坑，造成一个"分隔小室"效果——但是菌体仍然是实心的。因此，假羊肚菌总会比真羊肚菌要重些。

3）菌盖边是否为缘波浪状

假羊肚菌的菌盖常常是波浪状的，相当于真羊肚菌的凹坑。进行仔细观察，羊肚菌上的凹坑不是对称的，但是十分规则的，而假羊肚菌的菌盖是开裂，波浪状，像大脑的脑花结构一样。

4）菌盖是否带红色

假羊肚菌常常（不是全部）略带红棕色。

5）子实体内部是否为空心

假羊肚菌子实体内部一般为近实心。

国内容易采集到的物种有巨大鹿花菌，***Gyromitra gigas***（**Krombh.**）**Cooke**，*Mycogr.*，Vol. 1. Discom.（London）（no.5）：191，fig. 327（1878），如图 2-5 所示。子囊果大型，单生。子囊果高 60～70mm，菌盖直径 30～40mm，不规则凹陷呈皱曲近似马鞍状或近脑花状；表面为子实层面，光滑，亮棕褐色、黄棕褐色，成熟后灰褐色，下表面为不育面，黄白色、乳黄色，光滑。菌肉黄白色，厚 1～3mm，脆，伤不变色，味淡。菌肉菌丝无色，薄壁，分枝，不规则弯曲，直径 7～10μm，有隔膜，隔膜处常常益缩；部分菌丝膨大，直径 10～18μm。菌柄近中生，高 5～6cm，直径 2.5～3.0cm，表面白色，不规则，内部脑花状，肉质，内部白色，脆。子囊棒状，每个子囊内 8 个单行排列的子囊孢子，表面

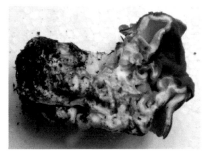

图 2-5　子囊果表面和横切面

光滑，无囊盖，(300～450)μm×(15～19)μm，测丝丝状、柱状、中上部有麻点、淡黄色，分叉，有隔膜，(360～440)μm×(5～7.5)μm。孢子印黄色。子囊孢子椭圆形，近无色，光滑，薄壁，(20～30)μm×(10～12.5)μm。

Cooke（1878 年）原始文献记载的孢子大小为 30μm×(10～11)μm，另有文献记载该物种的孢子大小为(28～33)μm×(13～14)μm，与本标本相当。形态上相似的物种可食鹿花菌 *G esculenta* (Pers.) Fr.，*Summa veg. Scand.*，Section Post.(Stockholm)：346(1849)的孢子(18～22)μm×(8～10)μm，赭鹿花菌 *G infula* (Schaeff.) Quél.，*Enchir. fung.*(Paris)：272(1886)的孢子(16～20)μm×(8～10)μm，都比本种的小；亮鹿花菌 *G splendida* Raitv.，*Folia cryptog. Estonica* **4**：30(1974)的孢子与本种孢子的长度相当，但直径更大，其孢子大小为(20～30)μm×(13～18)μm，菌柄较细。春季发生。

第二节 羊肚菌科

羊肚菌科的子囊在碘液中不变成纯蓝色，孢子光滑、椭圆形、内部均匀，孢子为多核细胞，孢子内有 20～60 个细胞核。该科内包括的属有：*Costantinella* 小侧轮枝孢属、*Disciotis* 脱顶菌/皱盘菌属、*Eromitra* 土地杖菌属≡*Morchella*、*Imaia* 艾玛盘菌属、*Kalapuya* 卡拉朴雅盘菌属、*Mitrophora* 柄地杖菌属、*Monka* 僧人盘菌属≡*Verpa*、*Morchella* 羊肚菌属、*Morilla* 小畸盘属≡*Morchella*、*Phalloboletus* 鬼笔牛肝盘菌属≡*Morchella*、*Ptychoverpa* 挂钟状菌属≡*Verpa*、*Relhanum* 独花盘菌属≡*Verpa*、*Verpa* 钟菌属。

子实体与羊肚菌属类似的有钟菌属、皱盘菌属、柄地杖菌属等。

一、钟菌属

钟菌属与羊肚菌同属一个科，和羊肚菌属关系密切，外型也与羊肚菌属类似，因此又被称为假羊肚菌或早羊肚菌。本属物种分布广泛，共有 10 余个物种。

钟菌属，*Verpa* Sw.，*K. svenska Vetensk-Akad. Handl.* **36**：129(1815)，建立于 1815 年建立。*Verpa* 取自拉丁文"直立"或"小棒"

之意。根据盘菌目下许多物种的 rRNA 分析显示，钟菌属和羊肚菌属与皱盘菌属（*Disciotis*）关系较近且三属各是一个单系群，且都被归入羊肚菌科。Index Fungorum 上记载了 46 个分类单元。常见的有：皱盖钟菌 *Verpa bohemica*（**Krombh.**）**J. Schröt.**，in Cohn，*Krypt.-Fl. Schlesien*（Breslau）**3.2**（1-2）：25（1893）［1908］、*V. chicoensis* **Copel.**，*Annls mycol.* **2**（6）：508（1904）、圆锥钟菌 *V. conica*（**O.F. Müll.**）**Sw.**，*K. svenska Vetensk-Akad. Handl.* **36**：129（1815）和指状钟菌 *V. digitaliformis* **Pers.**，*Mycol. eur.*（Erlanga）**1**：202（1822）、台湾钟菌 *V. formosana* **Kobayasi**，*J. Jap. Bot.* **58**（7）：221（1983）、马鞍状钟菌 *V. helvelloides* **Krombh.**，*Naturgetr. Abbild. Beschr. Schwämme*（Prague）**1**：76（1831）、*V. krombholzii* **Corda**，in Sturm，*Deutschl. Fl.*，3 Abt.（Pilze Deutschl.）**3**：fig. 1（1828）、极小钟菌 *V. perpusilla* **Rehm**，*Annls mycol.* **7**（6）：526（1909）、灿烂钟菌 *V. speciosa* **Vittad.**，*Descr. fung. mang. Italia*：120（1835）等。

钟菌属物种子囊果较小。菌盖的典型特征是钟状，菌盖下边缘不与菌柄连接，相互分开呈伞状，表面比较光滑，无凹陷的坑。菌盖钟形或半球形，肉质，易破碎，表面平滑或有皱纹，顶端稍下凹，赭石色至暗褐色，高 1～3cm，宽 1～4cm。柄圆柱形近白色，中空，表面有横排列细小鳞片，长 3～10cm，粗 5～10mm。子囊圆柱形，（230～250）μm×（14～20）μm。子囊棒状，内有 8 个子囊孢子，单行排列，无色，长椭圆形，（22.9～26）μm×（11.4～14.3）μm。侧丝细长，顶端稍粗，粗 8μm。春季于阔叶林中地上单生成或散生。分布地区：云南、四川、西藏、陕西、甘肃、新疆等地，欧洲及北美亦有分布。经济用途：可食用。

二、皱盘菌属

皱盘菌属，*Disciotis* **Boud.**，*Bull. Soc. mycol. Fr.* **1**：100（1885），于 1885 年建立。包括的物种有：成熟皱盘菌 *D. maturescens* **Boud.**，*Bull. Soc. mycol. Fr.* **7**：214（1891）、变红皱盘菌 *D. rufescens* **R. Heim**，*Trab. Mus. Nac. Cienc. Nat.*，Ser. Bot. **15**（3）：26（1934）、具脉皱盘菌 *D. venosa*（**Pers.**）**Arnould**，*Bull. Soc. mycol. Fr.* **9**：111（1893）。子实体

呈杯状或碗状的子囊盘，广泛分布在北温带地区。

三、柄地杖菌属

柄地杖菌属，**Mitrophora Lév.**，*Annls Sci. Nat.*，Bot.，sér. 3 **5**：249（1846），于 1846 年建立。菌盖表面与羊肚菌类似，但是其菌盖下部边缘完全与菌柄不相连接，使菌盖呈显著的伞状。仅半开柄地杖菌一个物种：**Mitrophora semilibera**（DC.）**Lév.**，*Annls Sci. Nat.*，Bot.，sér. 3 **5**：249（1846）。这个物种就是文献中常见的半开羊肚菌。Smith 和 Weber（1980 年）对半开羊肚菌进行了鉴定，认为这个物种的分类地位是需要校订的。

该物种曾经被划入羊肚菌、马鞍菌等属，因此存在很多的同物异名：*Helvella hybrida* **Sowerby**，*Col. fig. Engl. Fung. Mushr.*（London）**2**：tab. 238（1799）；*Mitrophora hybrida*（**Sowerby**）**Boud.**，*Bull. Soc. mycol. Fr.* **13**：151（1897）；*Mitrophora hybrida*（**Sowerby**）**Boud.**，*Bull. Soc. mycol. Fr.* **13**：151（1897）**var.** *hybrida*；*Mitrophora rimosipes*（**DC.**）**Lév.**，*Annls Sci. Nat.*，Bot.，sér. 3 **5**：250（1846）；*Mitrophora semilibera* **f.** *acuta*（**Velen.**）**Svrček**，*Česká Mykol.* **31**（2）：70（1977）；*Mitrophora semilibera*（**DC.**）**Lév.**，*Annls Sci. Nat.*，Bot.，sér. 3 **5**：249（1846）**f.** *semilibera*；*Morchella acuta* **Velen.**；*M. hybrida* **Pers.**，*Syn. meth. fung.*（Göttingen）**2**：620（1801）；*M. patula* **var.** *semilibera*（**DC.**）**S. Imai**，*Sci. Rep. Yokohama Natl. Univ.*，Sect. 2 **3**：15（1954）；*M. rimosipes* **DC.**，in Lamarck & de Candolle，*Fl. franç.*，Edn 3（Paris）**2**：214（1805）；*M. semilibera* **DC.**，in Lamarck & de Candolle，*Fl. franç.*，Edn 3（Paris）**2**：212（1805）；*Morilla rimosipes*（**DC.**）**Quél.**，*Enchir. fung.*（Paris）：271（1886）；*Morilla semilibera*（**DC.**）**Quél.**，*Enchir. fung.*（Paris）：271（1886）；*Morilla semilibera* **var.** *rimosipes*（**DC.**）**Quél.**，*Enchir. fung.*（Paris）：271（1886）；*Morilla semilibera*（**DC.**）**Quél.**，*Enchir. fung.*（Paris）：271（1886）**var.** *semilibera*；*Phalloboletus rimosipes*（**DC.**）**Kuntze**，*Revis. gen. pl.*（Leipzig）**2**：865（1891）。

半开柄地杖菌的子囊果较小，如图 2-6 所示，单生，菌盖表面与大多数羊肚菌属的物种相似，高 6～15cm。菌盖近钟形或近圆锥形，高 1～4cm，宽 1～3cm，盖边缘与柄分离并明显伸展，褐色或黄褐色。脉纹由顶部发出形成许多条，相互连接形成无数小凹坑。菌柄圆柱状向基部渐粗，长 6～12cm，粗 1～1.5cm，近白色，表面有细颗粒，空心。子囊棒状，子囊孢子光滑，无色，椭圆形，(22～30)μm×(12～17)μm，无色。侧丝有分隔，顶部明显膨大，粗 11～12.5μm。

图 2-6　半开柄地杖菌子实体

(图片来源: https://images.search.yahoo.com/search/images; _ylt=AwrTcXORsDVXcaQAshSJzbkF)

据 DNA 分析表明，半开柄地杖菌与羊肚菌出现的年代几乎相同，是一个神秘的复合物种，至少包括了 3 个地理上孤立的物种。因为 Candolle 最初描述的物种是基于来自欧洲的标本，学名 *M. semilibera*，应限于欧洲物种。2012 年描述的 *Morchella populiphila* 是来自北美国西部的标本，而 Peck 1903 年定名的 *Morchella punctipes* 是重复描述了北美东部的半开羊肚菌。*Mitrophora. semilibera* 与黑色羊肚菌(*Morchella elata* 和其他物种)是密切相关的。

四、小侧轮枝孢属

小侧轮枝孢属，*Costantinella* **Matr.**，*Recherches sur developp. de quelques Mucedin.* (Paris)：97(1892)，早在 1892 年就已建立。该属物种是一类只观察得到菌丝和分生孢子等无性型、并不产生子实体的菌物。原始文献描述该属物种均生长植物体上，其中 *C. clavata*、

C. micheneri 等生长在腐烂的针叶属木碎片上，*C. micheneri* 也发生在苔藓 Moss 上，形成白色、灰白色等颜色的细小病斑，*C. cristata* 发生在法国的杨树 Populi、山楂 Crataegi 的叶上，*C. palmicola* 发生在植物蒲葵 *Livistona chinensis* 腐烂的叶柄上、*C. phragmitis* 发生在植物芦苇 *Phragmites australis* 的腐秆上，*C. terrestris* 发生在腐烂的木头、植物碎片、及附近的裸土上。

在系统进化关系上该属物种与羊肚菌科的其他属关系密切，所以被划入羊肚菌科。大多数的文献常常认为该属是羊肚菌属的物种的无性型，猜想或许是羊肚菌的菌丝爬上了树干，成了植物的病原菌。不过这个假设需要分离这些菌种，进行纯培养，看是否能够形成羊肚菌的子实体加以确认。

该属其他的物种包括：*Costantinella* **athrix Nannf.**，*Svensk bot. Tidskr.* **46**(1)：122(1952)；*C. clavata* **Hol.-Jech.**，*Eesti NSV Tead. Akad. Toim.*，Biol. seer **29**(2)：135(1980)；*C. cristata* **Matr.**，*Mém. R. Accad. Sci. Torino*：97(1892)；*C. micheneri*(Berk. & M.A. Curtis) **S. Hughes**，*Can. J. Bot.* **31**：605(1953)；*C. palmicola* **M.K.M. Wong，Yanna，Goh & K.D. Hyde**，*Fungal Diversity* **8**：174(2001)；*C. phragmitis* **M.K.M. Wong，Yanna，Goh & K.D. Hyde**，*Fungal Diversity* **8**：176(2001)；*C. terrestris*(Link) **S. Hughes**，*Can. J. Bot.* **36**：758(1958)。

尽管羊肚菌属的物种的无性型的菌丝分枝和分生孢子的外观形态与 *Costantinella* 属物种的外观形态高度一致，但分生孢子梗和分生孢子的大小尺寸还存在差异。羊肚菌的无性型的分生孢子目前在实验室还没有培养出新的菌丝，需要把羊肚菌菌丝体接种在植物体表面，观察能不能形成与 *Costantinella* 属同样的症状，因此要判断这两个属的物种是否是同一个物种还需要进一步研究。

第三节　羊肚菌属

羊肚菌属，***Morchella* Dill. ex Pers.**，*Neues Mag. Bot.* **1**：116(1794)，于 1794 年建立。其同物异名有：*Boletus* **Tourn. ex Adans.**，

Familles des plantes **2**(1763)；*Boletus* **Tourn.**,：440(1694)；*Eromitra* **Lév.**, in Orbigny，*Dict. Univ. Hist. Nat.* **8**：490(1846)；*Mitrophora* **Lév.**，*Annls Sci. Nat.*，Bot.，sér. 3 **5**：249(1846)；*Morchella* sect. *Mitrophorae* (**Lév.**) **S. Imai**，*Bot. Mag.*，Tokyo **46**：174(1932)；*Morilla* **Quél.**，*Enchir. fung.*(Paris)：270(1886)；*Phalloboletus* **Adans.**，*Fam. Pl.*(1763)。

　　在 Index Fungorum 网站上记载了 332 个分类单元,按照合法的命名单元进行统计,传统的形态学物种有 150 多个,我国有 40 多个记载。经现代分子系统学研究发现,羊肚菌属的系统学物种有 60 多个,我国有 30 多个。

　　羊肚菌属的特征:子实体较小或中等或大型,子实体总长度为 1～25cm,单生或丛生、群生。子实体由羊肚状的可孕头状体菌盖和一个不孕的菌柄组成,菌盖与菌柄相互连接,不分开。

　　菌盖:表面不规则,圆形、长圆形、圆锥形,长 4～10cm,宽 1～5cm,顶端无孔口;表面由垂脊和横脊隔成许多凹坑,垂脊的数量为 10～20 条不等,垂脊间距 3～30mm;横脊水平或斜方向排列,间距 3～50mm;似羊肚状,颜色各有不同,可能呈鲜黄色、淡黄褐色、肉褐色、褐色、灰褐色、黑褐色,凹陷的形状各异,规则或不规则、长方形、多边形、椭圆形等,不同物种的凹陷形状、大小尺寸、长宽比例有明显的区别,凹陷的深度为 1～20mm,宽度 2～30mm,长度 2～50mm。

　　菌肉:多为白色、黄白色,厚度 1～3mm,菌肉中央由平行的菌丝紧密排列而成,菌丝直径 5～10μm,菌丝有隔。菌盖内壁白色、灰白色、灰绿色,有刺突,内壁表面是不孕的膨大细胞,细胞长度 30～80μm。外壁也有 10～20μm 厚的膨大细胞层。

　　菌柄:较圆整,圆筒状、中空,白色、黄白色、黄色,长 5～15cm,宽粗 2～2.5cm,菌柄菌肉厚 1～2mm,基部有浅纵沟和空洞,基部稍膨大,单层或多层。

　　野生羊肚菌在北半球广泛分布,主要分布在亚洲、欧洲和北美洲。

　　其中,野生羊肚菌在我国亦分布广泛,主要分布于我国陕西、山西、甘肃、青海、内蒙古、宁夏、西藏、新疆、四川、云南、贵州、湖北、湖南、安徽、江西、浙江、上海、吉林、辽宁、黑龙江、北京、江苏、河北、河南、山东等省市。羊肚菌是一种野生珍贵菌，由于它的菌盖表面凹凸不平，状如羊肚，故名羊肚菌。在自然环境下生长，单体可超过300g。春末至秋初生长于海拔0～4000m左右的各种树林、草地、荒地、沙地和花园、耕地、果园中，多生长于阔叶林地上及路旁，单生或群生。还有部分生长在梧桐树林、杨树林、果园、草地、河滩、榆树林、槐树林及上述林边的路旁河边。单个或成片生长，土质一般为弱碱性或略偏碱性。一般从2月初到12月初均可在野外采集到羊肚菌，属于喜低温型食药用菌。

羊肚菌属分为3个大的类群：黑色羊肚菌群 Black morels、黄色羊肚菌群 Yellow morels、红棕色羊肚菌群 Blushing morels。原来划分出来的半开羊肚菌的物种已经被区分为另外的一个属：柄地杖菌属 *Mitrophora*，因此不属于羊肚菌。

一、黑色羊肚菌类群

黑色羊肚菌类群 Black morels 常见的物种有：黑脉羊肚菌 *M. angusticeps* Peck，*Bull. N.Y. St. Mus. nat. Hist.* **1**(no. 2)：19(1887)；尖顶羊肚菌 *M. conica* Krombh.，*Naturgetr. Abbild. Beschr. Schwämme* (Prague) **3**：9，taf. 16，17(1834)；高羊肚菌 *M. elata* Fr.，*Syst. mycol.* (Lundae) **2**(1)：8(1822)；梯棱羊肚菌 *M. importuna* M. Kuo，O'Donnell & T.J. Volk，*Mycologia* **104**(5)：1172(2012)；六妹羊肚菌；七妹羊肚菌。

该类群的物种一般为腐生类型，容易在人工条件下栽培获得子实体。已经栽培成功的有梯棱羊肚菌、六妹/七妹羊肚菌、*Mel*-21等物种。

1. 梯棱羊肚菌

学名：*M. importuna* M. Kuo，O'Donnell & T.J. Volk，in Kuo，Dewsbury，O'Donnell，Carter，Rehner，Moore，Moncalvo，Canfield，Stephenson，Methven & Volk，*Mycologia* **104**(5)：1172(2012)。

国内常规栽培菌种，野生标本在中国有分布。

其特征是子实体表面的垂脊垂直于地面、相互平行，横脊间距均匀、相互平行，内壁纯白色。

子实体单生，群生，少数丛生，总高度6～20cm。菌盖圆锥状、圆锥、偶卵圆形，长3～15cm，宽2～9cm。菌盖表面有显著的凹坑和脊，每个菌盖有12～20条垂直于地面的垂脊，垂脊相互平行，垂脊间有众多的横断而平行的横脊，横脊与垂脊构成了阶梯式或梯格式的外观特征。成熟子实体的相邻垂脊间距为5～15mm，梯格的间距为2～5mm，凹坑深5～10mm。脊表面平滑、细软、易碎，老后变尖锐；幼嫩时色淡暗灰色，老后成为深灰棕色至近黑色。凹坑内的凹陷内表面平滑，先灰色到深灰色，成熟后灰褐色、橄榄色、棕黄色，干后黑灰褐色。菌肉白色，厚1～3mm，肉质，内壁有白色细粉状颗粒。菌柄直接与菌盖边连接，高3～10cm，直径2～6cm，白色至淡褐色，内部空心，表面光滑或白色细粉状颗粒，成熟的菌柄基部有纵向脊和槽，往往有几个空洞。子囊圆柱形，无色或淡色，(220～300)μm×(12～25)μm，内有8个子囊孢子，子囊孢子单行排列，分布在顶部1/3处；侧丝棒状，(150～250)μm×(7～15)μm，透明或半透明，有分支和横膈膜，头部稍膨大。孢子印黄褐色、淡黄褐色。子囊孢子椭圆形，光滑，薄壁，(18～24)μm×(10～13)μm。

2. 六妹羊肚菌

学名：***M. sextelata* M. Kuo M. Kuo**，in Kuo，Dewsbury，O'Donnell，Carter，Rehner，Moore，Moncalvo，Canfield，Stephenson，Methven & Volk，*Mycologia* **104**(5)：1159-1177(2012)。

有规模化栽培，野生标本在国内有分布。

其特征是子实体表面垂脊有分叉、不规则平行，横脊近平行，内壁灰白色、非纯白色。

子实体大型，如图2-7所示，单生或丛生，高达5～25cm。子实层高25～75mm，最宽处20～50mm，呈锥形、广锥形，有12～20条垂脊和众多的短垂脊，凹陷处有横脊，有的横脊相互间不平行或有分叉；凹陷深度为2～4mm，脊宽4mm，脊表面无毛或有细绒毛，幼嫩时苍白，后为深灰色，成熟近黑色。凹陷主要是纵向拉长，无毛，深褐色到黄色，粉红色。菌柄顶部与菌盖直接连接，棒状，白色，长20～50mm，宽10～22mm，表面无毛或有细粉状的白色颗粒，内部空心；

基部有大小不等的空洞。菌肉厚度 1～3mm，白色。菌盖和菌柄的内表面有白色、灰褐色的短柔毛或凸起。子囊孢子(18～25)μm×[10～16(～22)]μm，椭圆形，薄壁，含部均匀，表面光滑。子囊圆柱，透明，长(200～325)μm×(5～25)μm，每个子囊内有 8 个孢子。侧丝(175～300)μm×(2～15)μm 毫米，圆柱的圆形，似棒状或变尖，有纵隔，在 2%KOH 溶液中透明。

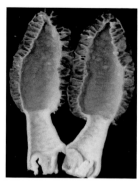

图 2-7　六妹羊肚菌子实体及其内壁

从严格的形态学角度来看，该物种与 *M. elata* 分支的几个成员在外形上几乎相同，包括七妹羊肚菌 *M. septimelata*，棕色羊肚菌 *M. brunnea*，黑脉羊肚菌 *M. angusticeps*，北方羊肚菌 *M. septentrinalis*。棕色羊肚菌分布在北美洲西部的森林，七妹羊肚菌分布在落基山脉以东，北方羊肚菌仅分布于北美洲东部(北纬 44°以北)。

3. 七妹羊肚菌

学名：*M. septimelata* M. Kuo，in Kuo，Dewsbury，O'Donnell，Carter，Rehner，Moore，Moncalvo，Canfield，Stephenson，Methven & Volk，*Mycologia* **104**(5)：1159-1177(2012)。

子囊果高 40～100mm，最宽处 30～70mm，圆锥形或近圆锥形；菌盖有凹坑和脊，高 75～200mm，菌盖一周有 14～22 条垂脊和众多的短脊，横脊横切，凹坑深 1～3mm，宽 3～4mm。脊缘无毛或细绒毛；幼时褐色或棕色，成熟时呈现为暗棕色到黑色，幼嫩时平直后变为尖或侵蚀状。凹坑主要是纵向拉长，内表面无毛，从橄榄色逐渐变为橄榄棕色、粉红色或褐色，成熟时为棕色或棕褐色。菌柄高 35～100mm，宽 20～50mm；基部有时似棒状，喇叭状略尖，表面有粉白色颗粒，干后黑褐色。菌肉厚 1～2mm。菌柄和菌盖内部空心，不育内表面有白色的短柔毛。子囊孢子 [（17～）18～25（～30）]μm× 15（～20）μm，椭圆形，内部均匀，表面光滑。子囊（175～275）μm× （12～25）μm，8 个孢子，圆柱状，无色透明。侧丝（100～200）μm× （5～12.5）μm，圆柱状，头部尖或近纺锤形，偶尔为圆形或棒状，有明显的纵隔，在 2%KOH 溶液中透明。

4. 黑脉羊肚菌

学名：***Morchella angusticeps Peck***，*Bull. N.Y. St. Mus. nat. Hist.* **1** （no.2)：19（1887)。

子囊果高 50～140mm，菌盖高 30～80mm；最宽处 25～50mm；圆锥状或钝圆锥形；布满凹陷和脊，一周有 16～24 条主垂脊，偶尔有短的次垂脊，具大量的凹陷，由水平脊隔断；凹坑深度为 2～5mm，水平脊间距 2～5mm，成熟时菌柄有时变膨大。脊面有细绒毛；棕褐色到暗褐色，发黑与成熟；幼嫩时平滑，成熟后有时变得削尖或侵蚀状。凹坑垂直拉长；无毛；淡黄褐色至暗褐色或黄色；偶尔呈橄榄色。菌柄高 20～80mm，直径 10～30mm，上下均匀，呈似棒状或棍棒状；表面有白色颗粒粉状物；带白色到淡褐色；发育过程中到成熟时基部有皱褶和沟纹，在温暖、潮湿的条件下吸水后肿胀状、变宽，布满附属颗粒物；菌柄空心，菌肉厚度 1～2mm；菌柄菌肉接近基部有分层。不育的内表面白色、有短柔毛。

子囊孢子（22～27)μm×（11～15)μm，椭圆形，光滑，内部均匀。子囊（225～400)μm×（17.5～30)μm，8 个孢子，圆筒形，2%KOH 中透明。侧丝（125～250)μm×（5～12.5)μm，有隔膜，圆筒形，头部圆形、似棒状、棍棒状、近头状，或偶尔广纺锤形；2%KOH 中透明。不育脊缘丝（100～200)μm×（7.5～35)μm；有隔膜；顶端细胞圆筒形带广椭圆形，棍棒状，近头状或偶尔不规则；2%KOH 中内容物透明到带褐色、褐色。

生态：发生在各种硬木林中，特别是 ***F. americana*** 和 ***L. tulipifera***，

广泛分布在落基山脉东部地区，3~5 月出菇。

黑脉羊肚菌 *M. angusticeps* 对应的系统发育物种是 Mel-15，具有较大的子囊果和孢子，广泛分布在落基山脉东部。从严格的形态学意义上来看，*M. angusticeps* 与发生在针叶林火烧迹地的六妹羊肚菌 *M. sextelata*、七妹羊肚菌 *M. septimelata* 和 *Morchella* sp. Mel-8、未燃尽的林地中的棕色羊肚菌 *M. brunnea*，都是无法区分的。黑脉羊肚菌被很多作者处理成 *M. angusticeps* 可能还包括了北方羊肚菌 *M. septentrionalis*，有的可能还错误地组合了梯棱羊肚菌 *M. importuna*。

M. septentrionalis 的特征：子囊果小型，高度为 40~75mm，子囊孢子小[（19~）20~22（~25）]μm×（11~15）μm，分布在北纬 44°N 以北，生长在硬木林特别是 *P. grandidentata* 林中。

5. 皱曲羊肚菌

学名：*Morchella crassipes*(Vent.) Pers.*Syn.meth.fing.*(Göttingen) 2：621(1801)。

子囊果小型，如图 2-8 所示，单生，高 2~7cm。菌盖歪锥形，

图 2-8　皱曲羊肚菌子实体

顶端一般尖，高 1~1.5cm，粗 1.2~1.8cm，凹坑形状多边形，黑褐色，棱纹近黑色，纵向排列，由横脉交织，边缘与菌柄连接一起，内部为孔腔状，腔体内部白色，有粉刺状突起物。菌肉黄白色、灰白色，厚 1~1.4mm，肉质脆，味香浓。菌柄黄白色，圆柱形，长 1.5~4.0cm，粗 1.2~2.0cm，菌柄长度是菌盖的长度的 2 倍，表面有颗粒，内部空腔状，柄壁厚 1~2.5mm。子囊近圆柱形，（240~280）μm×（20~25）μm，有孢子部分 120~150μm，内有单行排列的 8 个子囊孢子。侧丝基部有的有分隔，（200~300）μm×（10~20）μm。孢子印淡黄色。菌柄菌丝无色，薄壁，有分枝，直，均匀，有隔膜，排列较疏松，细胞较短，直径 14.5~21.5μm，细胞长度 50~

115μm。子座菌丝无色，薄壁，有分枝，直，有隔膜，细胞直径25～28μm，细胞长度35～45μm。孢子椭圆形，无色，薄壁，平滑，(25～37.5)μm×(16.5～22.5)μm。

该物种春季生长在草地、玉米地、阔叶树、混交林林地上。在有烧炭的场所容易集中发生。食药用菌。味道鲜美。

Karst(1887年)记载的孢子大小为(25～36)μm×(12～15)μm，与本标本长度相当，直径稍小。羊肚菌属孢子较大的物种有：淡褐羊肚菌 *M. smithiana* Cooke，*Mycogr.*，Vol. **1**. Discom.(London)：184(1878)的孢子大小为(17～20)μm×(8～11)μm。粗腿羊肚菌 *M. crassipes* **(Vent.) Pers.**，*Syn. meth. fung.*(Göttingen)**2**：621(1801)孢子大小为24×12μm。高羊肚菌 *M.elata* Fr.，*Syst. mycol.*(Lundae)**2**(1)：8(1822)的孢子大小在 Cooke 上记载为(30～32)μm×14μm，Karst 将其记载为(21～27)μm×(12～15)μm。该属孢子最大的物种有巨孢羊肚菌 *M. gigaspora* **Cooke**，其孢子大小为80μm×(20～24)μm。

6. *Mel*-21

拉丁学名、中文名暂未定。

这是一个在国内广泛分布的物种，在四川龙门山脉年年都可以采集到。其子实体发生季节最早，在四川省绵阳市安州区桑枣镇的山区每年2月初就可采集到，子实体实际上是1月份发生的。在野外局部发生地产量很高，是一个出菇温度较低的菌种。已经能够人工栽培，但是产量很低，1～10 个/m²。

子实体高3～16cm，如图2-9所示。单生，近丛生。菌盖长锥形，长 3～7cm，最宽处 1～5cm，顶端无孔口；表面褐色、灰褐色、黑褐色，最宽处最长的垂脊有13～16 条，长垂脊间有短垂脊，横脊相互间不平行排列，凹坑不规则，凹陷的深度为 2～6mm，宽度 5～17mm，长度4～27mm。菌肉白色、近白色，厚度 1～3mm，由平行的菌丝紧密排列而成，菌丝直径 5～10μm，菌丝有隔。菌盖菌柄内部空心，内壁白色、近灰白色，有刺突，为不育的膨大细胞。菌柄圆整，圆筒状、中空、白色、黄白色，长 5～12cm，宽粗 1～2.0cm，菌柄菌肉厚度 1～2mm，表面布满明显的白色刺突，基部有浅纵沟，基部膨大。子囊长圆柱形，无色透明，(250～380)μm×(25～28)μm，子囊孢子 8 个，单行排列。子囊孢子长椭圆形，无色透明，(24～28)μm×(12～13.5)μm。侧丝无色，顶端膨大，有 1～4 个隔，长(240～380)μm×(9～10)μm。

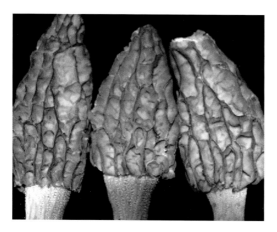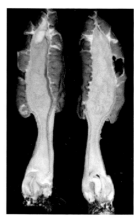

图 2-9　*Mel*-21 子实体表面和内部

二、黄色羊肚菌类群

黄色羊肚菌类群 Esculenta clade(Yellow morels)，通俗名称："黄色羊肚菌"、"羊肚菌"、"海绵状羊肚菌"、"灰白色羊肚菌"、"脑状蘑菇"、"白羊肚菌"，等。包括的物种有：*Morchella esculenta*(**L.**) **Pers.**，*Syn. meth. fung.*(Göttingen)2：618(1801)；*M. deliciosa* **Fr.**，*Syst. mycol.* (Lundae)2(1)：8(1822)；*M. crassipes*(**Vent.**) **Pers.**，*Syn. meth. fung.*(Göttingen)2：621(1801)；*Morchella galilaea*，*Mes*-6；*Mes*-20 等。

该类群的物种一般为共生类型，与植物形成外生菌根，容易获得纯培养的菌丝体，但是在人工条件下栽培不容易获得子实体。

1. 好食羊肚菌

学名：*Morchella esculenta*(**L.**) **Pers.**，*Syn. meth. fung.*(Göttingen)**2**：618(1801)。

子实体形态如图 2-10 所示，子囊果较小或中等，肉质，稍脆，高 6～14.5cm。菌盖不规则，为圆形、长圆形、球形或卵形，顶部钝圆，长 4～9cm，宽 3～6cm，表面形成许多凹坑，似羊肚状，鲜黄褐色、淡黄褐色；小凹坑呈不规则形或近圆形，白色、黄色至蛋壳色，最宽处有 16～18 条垂脊，长垂脊间距 4～12mm，长垂脊间有不规则分布的短垂脊，横脊间距 2～15mm，棱纹色较浅淡，纵横相互交叉，呈不规则的近圆形的网眼状；小凹坑内表面布满子实层，子实层由子囊及侧丝组成，直径 3～12mm。子实体干后黄褐色。菌柄粗大，色稍比菌盖浅，白色或黄色，长 5～7cm，粗 2～2.5cm，幼时有颗粒状突起，后变平滑，有浅纵沟，基部稍膨大，中空。子囊长圆柱形，无色透明，(200～300)μm×(18～22)μm。每个子囊中有 8 个孢子，单行排列。子囊孢子宽椭圆形，无色透明，(20～24)μm×(12～15)μm。侧丝无色，顶端膨大，有隔，直径 10～12μm。

2. 美味羊肚菌

学名：***Morchella deliciosa* Fr.**，*Syst. mycol.*（Lundae）**2**（1）：8（1822）。

子囊果小型至中型，如图 2-11 所示，单生至群生，高 2～15cm。菌盖锥形、长圆形、狭圆锥形或近圆柱形，顶端一般尖，高 2～4cm，粗 1.2～2.8cm，凹坑形状近长方形、多边形，淡褐色至灰褐色、灰白色，棱纹灰白色，纵向排列，由横脉交织，边缘与菌柄连接一起，内部空心，内壁白色，有粉刺状突起物。菌肉黄白色、灰白色，厚 1～2.1mm，肉质脆，味香浓。菌柄灰白色、黄白色，

图 2-10 好食羊肚菌的子实体

不规则圆柱形，长 2.5～4.6cm，粗 1.1～2.4cm，菌柄长度常常与菌盖的长度相当或略短，上部稍有颗粒，基部往往有凹槽，内部空心，柄壁厚 1～2.5mm。子囊近圆柱形，(250～300)μm×(13～17)μm，内有 8 个子囊孢子，孢子单行排列，稍有重叠。部分侧丝基部有分

隔，顶端膨大，长度与子囊相当，粗 15～30μm。孢子印黄色。菌柄菌肉丝无色，薄壁，有分枝，直，均匀，有隔膜，排列较疏松，细胞较短，直径 14.5～21.5μm，细胞长度 50～115μm。子座菌丝无色，薄壁，有分枝，直，有隔膜，稍扭曲，不均匀，排列较疏松，细胞较长，直径 11.5～23.5μm，细胞长度一般超过 100μm。菌髓菌丝无色，薄壁，中度分枝，略弯曲，规则或疏松交织排列，直径为 3.5～8μm；有些菌丝膨胀，直径可达 20～50μm。孢子椭圆形，无色，薄壁，平滑，大小为 (19.5～26.5)μm×(11.6～15.1)μm。

图 2-11　美味羊肚菌

春季生长在草地、玉米地、阔叶树、混交林林地上。在有烧炭的场所容易集中发生。味道十分鲜美，故得此名。氨基酸成分和含量十分丰富，可以菌丝体发酵产物。

3. 秋天羊肚菌 *Mes*-16

学名：***Morchella galilaea* Masaphy & Clowez**，in Clowez，*Bull. Soc. mycol. Fr.* **126**(3-4)：238(2012)［2010］。

子实体形态如图 2-12 所示，子囊果中等或大型，肉质，稍脆，高 3～17cm。菌盖长宽圆锥形，顶部钝圆，长 4～10cm，最宽处宽 3～6cm，表面形成许多凹坑，鲜灰褐色、灰黄褐色。最宽处有 10～13 条不为直线的垂脊，垂脊间距 1～20mm，垂脊有分叉；横脊斜方向排列，间距 5～25mm，脊缘色较浅淡。横脊和垂脊相互交叉不规则，凹坑呈不规则的多边形，深度 5～12mm；凹坑内表面光滑，布满子实层，子实层由子囊及侧丝组成。子实体干后灰白色、灰黄褐色。菌盖菌柄菌肉黄白色，厚 1～3mm，内部白色、近白色，有大的刺突。菌柄颜色稍比菌盖浅，近白色、黄白色、肉褐色，长 4～8cm，粗 2～3cm，表面平滑，基部较膨大，中空。子囊长圆柱形，无色透明，（270～400）μm×（20～30）μm，有孢子部分 160～180μm。每个子囊中有 8 个孢子，单行排列。侧丝无色，（110～140）μm×（7～9）μm，头部稍膨大，有隔。子囊孢子宽椭圆形，无色透明，（20～32.5）μm×（15～22）μm。

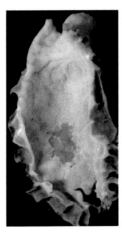

图 2-12　秋天羊肚菌

　　该物种发生在秋季，9～11 月份，四川省主要分布在绵阳、西昌、攀枝花等地，在云南可能有分布。

　　4. *Mes-20*

　　暂无拉丁学名和中文学名。

　　子实体形态如图 2-13 所示，子囊果较小或中等，肉质，稍脆，高 3～16cm。菌盖长宽圆锥形，顶部钝圆，长 2～8cm，最宽处宽 2～6cm，表面形成许多凹坑，鲜黄色、淡黄色；最宽处有 12～15 条垂脊，长垂脊间距 1～7mm，长垂脊间有不规则分布的短垂脊，横脊斜水平方向排列，间距 5～15mm，棱纹色较浅淡，纵横相互交叉，凹坑呈不规则的多边形网眼状；凹坑内表面光滑，布满子实层，子实层由子囊及侧丝组成。子实体干后黄褐色。菌盖菌柄菌肉淡黄白色，厚0.5～1.5mm，内部白色，有大的刺突。菌柄颜色稍比菌盖浅，近白色或黄白色，长 4～8cm，粗 2～3cm，表面平滑，基部稍膨大，中空。子囊长圆柱形，无色透明，（250～350）μm×（20～22）μm。每个子囊中有 8 个孢子，单行排列。侧丝无色，（250～350）μm×（12～14）μm，头部稍膨大，有隔。子囊孢子宽椭圆形，无色透明，两端有颗粒状的附属物，（20～27.5）μm×（13.5～15）μm。

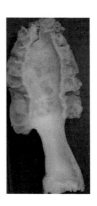

图 2-13　*Mes*-20 子实体

　　该物种是国内广泛分布的物种，在西南和长江以南的广大地区有分布。主要发生在清明节前后。

三、红棕色羊肚菌类群

　　红棕色羊肚菌类群 *Morchella rufobrunnea* Clade 包括的物种有：红棕色关肚菌 *Morchella rufobrunnea* Guzmán & F. Tapia，*Mycologia* **90**（4）：706（1998）；危地马拉羊肚菌 *M. guatemalensis* Guzmán，M. F. Torres & Logem.，*Mycol. helv.* **1**（6）：452（1985）；僵硬羊肚菌 *M. rigidoides* R. Heim，*Revue Mycol.*，Paris **31**：158（1966）等。

　　分布：墨西哥、新几内亚、危地马拉等国家。

第三章 羊肚菌的形态学特征

羊肚菌的生物体由菌丝体、子囊果、子囊孢子等 3 部分组成，具体包括子实体、菌丝、菌丝体、菌核、无性型、肉质假根、子囊、子囊孢子等。

第一节 子实体形态和解剖特征

一、子实体

羊肚菌的子实体即子囊果，单生或丛生，肉质，稍脆。

菌盖：如图 3-1 所示，近球形至卵形、长三角形，顶端尖或钝圆，长 3.5～9.5（30）cm，直径 2.5～6.0cm，单个重量为 1～800g。表面由纵横交织的垂脊、横脊分隔出许多小凹坑或陷坑、网格，外观似羊肚，故名羊肚菌。垂脊表面稍粗糙，较浅，纵横交错。凹坑规则或不规则，梯格型、方形、多边形或近椭圆形，其形状在子实体的不同生长阶段变化较大，成熟后每个物种的形态比较稳定，内表面光滑，白色、灰白色、黄色至蛋壳色、灰褐色，干后变为褐色或黑色，宽 3～12mm，长 5～30mm。小凹坑内表面分布子实层，子实层由子囊和侧丝、子囊

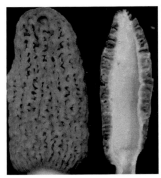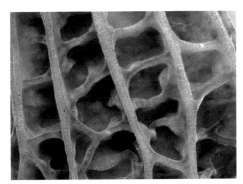

图 3-1 子囊果表面和内部

孢子组成。菌盖中空，内壁粗糙，白色、灰白色、灰蓝色，有大小均匀的刺突物组成。

菌肉： 白色，近白色，肉质，厚 1～3mm。

菌柄： 与菌盖的边缘直接连接，粗大，颜色稍比菌盖浅，近白色或黄色，长 5～10.5cm，直径 1.5～4.5cm，幼时外表有颗粒状突起，后期变平滑，基部膨大，有不规则的凹槽，使子囊果内部与外部空气直接连通，中空。子囊果内壁先为白色，老后呈灰白色、灰色、灰绿色、灰黄色、灰黑色，不同的物种变化较大，表面布满微凸的小颗粒，颗粒均匀，直径 200～400μm。

成熟后不同物种子囊果表面的小凹坑形状、大小、深度、颜色、变色长度往往差异很大，是区分不同物种的重要特征。

孢子印： 黄褐色、黄棕色。

二、子囊果解剖结构

子囊果菌柄和菌盖的菌肉厚度为 1～3mm，切面如图 3-2 所示，分为 3 层：内壁膨大变形细胞层、中央菌髓为均匀紧密细胞层、菌柄外表面稍膨大细胞层。子实体内壁的膨大细胞层与中央紧密菌丝层之

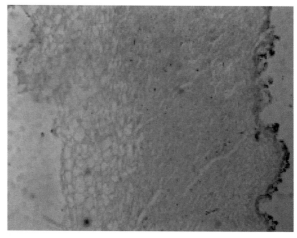

图 3-2 羊肚菌菌柄组织切片

左为菌柄内壁膨大细胞；中为中央菌髓紧密细胞；右为菌柄表面稍膨大细胞

间的比例为 1：(4～6)，膨大细胞层的厚度为 100～200μm。紧密菌丝层菌丝透明、隔膜明显，直径 10～25μm，干后 10～12μm。菌肉内壁细胞中有大量无色透明的膨大细胞存在，如图 3-3 所示，膨大细胞呈球形、椭圆形或不规则形，大小为(30～80)μm×(30～60)μm，细胞内容物少，老后空瘪。

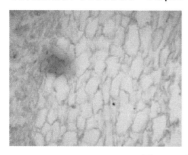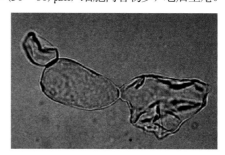

图 3-3　菌柄菌肉膨大细胞

　　膨大细胞纯培养生成的菌丝呈顺时针卷曲状，分枝很少呈直角状态，这类菌丝细胞为不孕或不育细胞，有不形成子实体的风险，菌种组织分离时必须把这部分细胞尽量去掉。

三、菌柄基部的孔洞和肉质假根

　　菌柄基部的孔洞：菌柄基部往往形成几个孔洞，如图 3-4 所示，

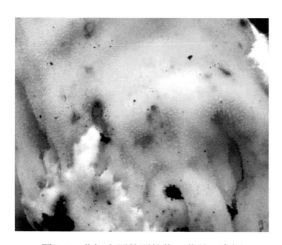

图 3-4　菌柄表面的颗粒物、菌丝、空洞

使菌柄内部成为一个与空气接触的开放系统，在菌种分离时菌柄内部容易被空气和土壤中的杂菌污染。

在栽培过程中，一些巨大子囊果的菌柄基部的土壤中有时形成一个片状或不规则形状的肉质假根，如图 3-5 所示，长 3～5cm，宽 0.1～3cm，厚 1～5mm。在野生标本中少见。

图 3-5　菌柄基部的片状肉质假根

四、子囊果大小与质量的数量关系

羊肚菌子囊果的重量主要由总长度、菌盖直径、菌柄直径等因素决定。其中菌柄总长度、菌盖长度变化大，对总重量起决定性作用，菌盖直径和菌柄直径相对变化较小，对重量的变化影响较小。

削掉菌柄基部的泥土，使切面平整，测定梯格羊肚菌子囊果总长度或菌盖全长(x, cm)、菌盖长度、菌柄长度、菌柄直径与重量(y, g)，每个尺寸的子囊果测定 20 个以上，进行统计学分析，结果如图 3-6 所示，分析发现，子囊果总长度和菌盖长度对子囊果重量的影响极显著，子囊果总长度或菌盖全长(x, cm)与重量(y, g, 鲜重)之间的关系方程可以描述为：

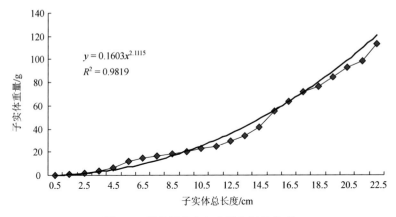

图 3-6　子囊果长度与重量之间的关系

$$y=0.1603x^{2.1115}$$

其中：$R^2=0.9819$，具极显著的相关性。

此方程可以简化为

$$y=0.25x^2$$

据此方程，就可以通过测定大田中单位面积子囊果的数量来推算出产量。

例如，子实体长度为 5cm，则鲜重为 6g，干重为 0.6g；子实体长度为 10cm，鲜重为 25g，干重为 2.5g。一般大菌株可以按照每个子实体鲜重为 10g、干重为 1g 计算，根据大田中每平方米子实体的总数量就可以粗略地估算出该大田的产量。

商品羊肚菌一般要求剪掉基部菌柄，新鲜子囊果留 1.5～2.5cm 长的菌柄，烘干后菌柄长度不超过 1cm。剪掉的菌柄无商品价值，一般的商品子实体得率为 60%～70%。所以商业化栽培的菌株必须要求是菌柄短而细的菌株或菌种。菌柄过长、基部过大、壁过厚都会增加重量，剪掉后商品菇的成品率将直线下降。

五、子实层

羊肚菌的孢子印黄色、黄褐色。

子实层由囊基层和子囊层组成，分布在子囊果表面凹坑内壁上，棱纹脊上无子囊。子囊层由子囊和侧丝组成，子囊内有子囊孢子，如图 3-7、图 3-8 所示。

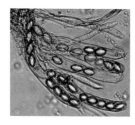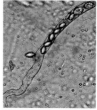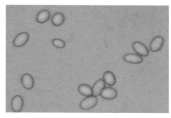

图 3-7　子囊和子囊孢子

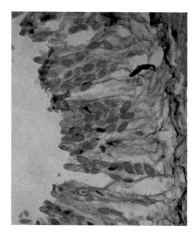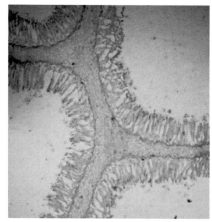

图 3-8　子实层切片

子囊：呈长圆柱形，无色透明，成熟后 $(200\sim380)\,\mu m \times (17\sim25)\,\mu m$，内有 8 个孢子，单行排列，有孢子部分为 $100\sim150\mu m$；有明显的子囊柄，直或弯曲，基部呈钩状，长度为 $100\sim200\mu m$，直径 $16\sim25\mu m$；个别种如粗柄羊肚菌中偶有 4 个孢子，这种孢子可能是双核的；孢子呈单行排列。子囊顶部圆弧形，壁稍加厚，全封闭，无盖。

侧丝：长棒状，分叉或不分叉，顶端膨大，无色透明，无隔或有隔，长 $100\sim320\mu m$，比子囊稍短，直径 $10\sim15\mu m$。

子囊孢子：椭圆形、卵圆形，无色或淡色，光滑，薄壁，在两端常常有附属物存在，一般大小为 $(20\sim25)\,\mu m\times(14\sim17)\,\mu m$。孢子细胞先单核，细胞核分裂很快，吸水膨大的孢子常常为多核，有 $20\sim60$ 个核/孢子，附孢质的两端中含有大量的小油滴。

需要强调的是，羊肚菌的孢子比一般物种的都要大很多，该属的许多物种的孢子长度常常达到 $50\sim85\mu m$，如巨孢羊肚菌 *Morchella gigaspora* Cooke 孢子长度为 $80\sim90\mu m$。

大量显微观察发现，羊肚菌子囊孢子为单核细胞，很容易发生核的分裂，形成多核体，所萌发的菌丝应该是多核体。笔者经过 100 个以上的单孢分离培养，发现单孢分离物都可以形成菌核，菌丝的形态和大小与组织分离的菌丝完全相同，相互之间没有产生任何拮抗现象。所以羊肚菌的单核细胞生活循环是不存在的。

孢子形成时间：能够形成孢子的野生菌株在 $1\sim2cm$ 高，非常小的时候就可以形成成熟的孢子。栽培实体形成孢子时间比较晚，自然生长到子实体倾斜或倒伏状态才会形成孢子，这时子囊内除了孢子基本上是完全透明的状态，没有其他细胞器或大分子存在。已经发现了不形成孢子的共生类型的羊肚菌菌株。在采集栽培子实体做孢子分离时，一定要完全成熟的子实体才能够成功弹射孢子，没有完全成熟的一般不会弹射孢子。

按照商业化标准采摘的子实体都没有孢子。

孢子弹射条件：$20\sim25℃$，通风，有光或黑暗。

孢子萌发：如图 3-9 所示，萌发温度为 $15\sim25℃$。孢子萌发率随时间延长逐渐下降，自然温度下保存 12 个月，孢子萌发率由开始的 90% 以上降为 10% 以下。

孢子萌发培养基：采用水琼脂培养基，一般不要采用营养丰富的培养基培养孢子。

孢子萌发菌丝之间的不融合现象：一般单孢菌株之间的菌丝相互之间都不融合，大量观察发现融合率低于 1%。单孢萌发的菌丝一般也是多核细胞，因此不宜使用传统的初生菌丝的概念。

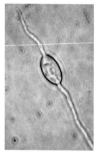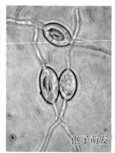

孢子萌发

图 3-9　羊肚菌孢子萌发及其不融合现象

第二节　菌丝、菌丝体

一、菌丝

如图 3-10 所示，在显微镜下观察，主干菌丝白色，透明，光滑，直径 10～22.5μm，均匀，竹节状，有分隔，分隔处缢缩，隔膜明显加厚，细胞长度 20～150μm。隔膜上有一个中央孔，近圆形，直径 0.4～0.6μm，可使细胞质和细胞核在细胞间自由流动。单细胞多核，无锁状联合。菌丝有发达的分枝，分枝一般呈直角，接近 90°，气生菌丝的顶端分枝菌丝逐渐变细，直径 2～15μm，最顶端的气生菌丝不丰满，常常成为空菌丝，表明羊肚菌菌丝容易老化或退化。菌丝间由菌丝桥融合联结，融合率很高，每 100μm 达 3～4 个菌丝桥，菌丝交织呈网络状，从而构成一个复合的立体网络。菌丝分可为短节茸毛状和颗粒状两种类型。

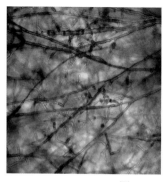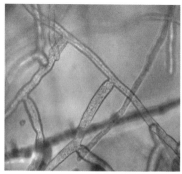

图 3-10　羊肚菌的菌丝

培养后期的气生菌丝容易老化，特征是细胞变短，空瘪，不坚挺，最后干瘪死掉。

二、菌丝体

羊肚菌的菌丝体分为气生菌丝、培养基表面菌丝、基内菌丝。如图 3-11 所示，在琼脂培养基上，菌落初期为白色或淡白色，后变黄色或棕色、灰褐色，容易形成黄或棕黄色、黄棕色大小不等的菌核。气生菌丝均匀、稀疏，比一般蕈菌的浓密程度差些，具有明显的爬壁性，在适宜的培养基上气生菌丝发达。在培养基内常常分泌浅褐色色素，使培养基变色，老后全部变成黑褐色。菌丝体生长速度快，一般为 1.5~2cm/d，3~4d 长满试管斜面。在某些培养基上呈淡粉红色、棕色；在纯培养条件下，尖端菌丝可以形成无性型分生孢子。平贴生长在培养基表面的菌丝，主干菌丝明显，挺直，白色或黄色，生长快速，直角分枝，有隔，分隔处有溢缩，菌丝常有桥连和融合现象；培养基内部的基内菌丝，无主干，呈棒状，间隔短，分枝密集、多而短。

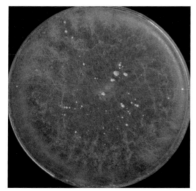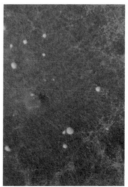

图 3-11　培养皿中的菌落

羊肚菌菌丝隔膜有一个中央孔，细胞质和细胞核都可以在细胞间自由交换和流动，因此羊肚菌的菌丝都应该是多核的，应该没有单核菌丝和双核菌丝这种传统的说法。

在纯培养条件下菌丝体容易形成菌核。菌核形成的时间、数量、大小等与培养基成分有密切关系，在玉米粉、麸皮、黄豆粉、土壤等天然培养基上容易形成菌核，松针、木屑等培养基上不容易形成菌核。试管中的菌核可以在培养基表面直接形成，也可以有气生菌丝在试管壁上形成大量菌核。

相邻菌丝的不融合现象（见图 3-12）：在培养过程中观察到同一平面上的相邻菌丝相互交叉、接触而不融合现象。即使是同一主干菌丝上不同位置的分枝菌丝产生的次级分枝接触后往往也不会发生融合，而是交叉通过。

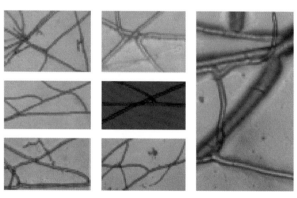

图 3-12　相邻菌丝不融合现象

三、羊肚菌细胞的显微结构

羊肚菌子囊果菌盖内层为膨大的桶状和网状菌丝，起一定的机械支持作用，并有助于孢子的释放，子实层表面由子囊与侧丝交替排列，组成凸凹相间的蜂窝状。子囊中有 8 个呈直线排列的子囊孢子。子囊果的柄由菌丝平行成束排列而成，中空，柄基为白色绒毛状纤细菌丝组成的囊基层，子囊间由侧丝相互间隔。子囊孢子椭圆形或圆形，无色，光滑，薄壁，大小较均一，$(20\sim25)\,\mu m \times (10\sim15)\,\mu m$，两端常常有附属物。因孢子表面的非极性物质作用，在水浸片中易聚集成团。

1. 膜边体

膜边体（lomasome）又称须边体，因其位于细胞膜与细胞壁之间而得名。膜边体多为球状，囊状或卵形，其内含物为多泡状或颗粒物。膜边体位于细胞不同位置：有的在细胞内，有的已开始与细胞膜融合，有的已完全与细胞膜和细胞融合，膜边体的直径为 $0.48\sim1.06\mu m$。

2. 高尔基体

一般认为子囊菌等几类真菌中不含高尔基体，高尔基体的功能主要由内质网等细胞器负担。高尔基体是很重要的细胞器，既是细胞内部的运输系统，完成蛋白质和脂类的运输，又是多糖和糖蛋白的合成场所。在电镜观察中，发现有类似高尔基体结构存在，其结构特征与高尔基体基本相同，可看作是简化了的高尔基体。在其附近有大量泡囊状物存在，分析是由高尔基体释放出来的。

3. 线粒体

线粒体也是重要的细胞器之一，是细胞进行呼吸产生能量的场所。线粒体的形状多样，一般为圆形、椭圆形和长形，少数有分枝状。在观察中还发现有围绕成圆圈状中空的线粒体，实属罕见，其成因尚不清楚。

4. 隔膜孔与伏鲁宁体

羊肚菌菌丝的隔膜孔是典型子囊菌的单孔型，如图 3-13 所示，位于隔膜中央，隔膜孔的直径约为 0.4μm，可以允许各种细胞器、细胞核、细胞质在细胞之间自由交换和流动，因此很多研究者观察到羊肚菌菌丝细胞常常是多核的。在孔的周围有电子密度很高的结晶体，据分析是伏鲁宁体(Woronin body)。形状多为长方形，但也能看到圆

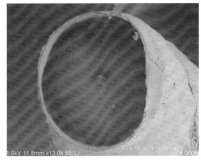

图 3-13　菌丝的隔膜孔和伏鲁宁体(刘伟提供)

形或六角形，推测可能与观察的角度有关。当菌丝断裂时，伏鲁宁体作为塞子，可以随时把中央的隔膜孔堵住，以免细胞内的物质全部流失。

第三节　羊肚菌的菌核

常见的羊肚菌的菌核（sclerotium）应该是一种假菌核，因为不够坚硬，没有明显的表皮结构，内部均由菌丝平行或交叉排列形成，无菌丝分泌物进行胶结，如图 3-14 所示，但是大多数学者都把它称为菌核。羊肚菌的菌核呈斑点状或块状，白色，渐变为黄白色、黄褐色，老后变深褐色、黑褐色，大小为 1～2mm 或 3～5mm，有时形成超过15mm 的巨大菌核。在显微镜下观察，这种斑块状的菌核中存在大量黄色物质，具有明显的折光性，呈同心圆纹状，内有大量平行排列的菌丝体。在北方地区发现羊肚菌能够形成坚硬的真菌核。

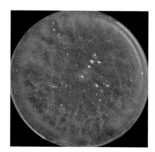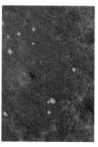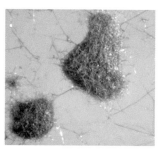

图 3-14　培养皿中的羊肚菌气生菌丝上的菌核

在纯培养条件下，菌丝体容易形成肉眼可见的菌核，如琼脂培养皿、试管斜面培养基、各种原料的原种或栽培种培养基表面，如图 3-15、图 3-16 所示。在大田栽培的土壤表面也观察到了菌核的存在，在没有取走的营养料袋上也容易形成明显的菌核。

羊肚菌的菌核形成过程有 2 个不同的方式：

方式 1：气生菌丝相互交叉扭结形成菌核，如图 3-17 所示。

方式 2：培养基表面主干菌丝密集产生短小分枝形成菌核，如图 3-18 所示。

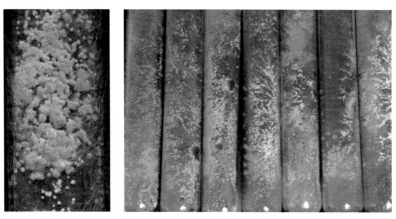

图 3-15　试管培养基表面与气生菌丝上形成的菌核

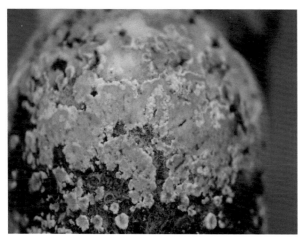

图 3-16　麦粒菌种表面形成的片状菌核

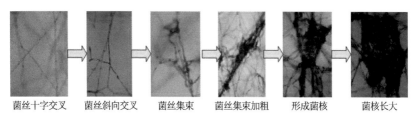

| 菌丝十字交叉 | 菌丝斜向交叉 | 菌丝集束 | 菌丝集束加粗 | 形成菌核 | 菌核长大 |

图 3-17　羊肚菌菌核形成方式 1

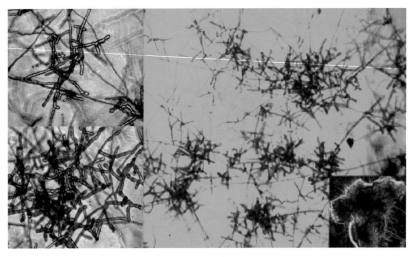

图 3-18   羊肚菌菌核形成方式 2

真菌核是一种较松软的、无性的细胞团，由菌丝平行排列或交织排列形成，形状和大小像金黄色的矿渣或小核桃，如猪苓、茯苓、雷丸、菌核菌属等的菌核。真菌核和假菌核都是一种贮藏营养的器官，可以使菌物度过不良的气候条件，可干到着火点，重新吸水细胞受潮膨胀时，菌核恢复生活，或长出子实体、新的菌丝网。在没有人类的干扰下，羊肚菌在许多生境中，从泥炭土到沙土、秸秆中都会自然地产生小的假菌核。菌核是菌种保藏的重要材料。

培养基成分对菌核的大小、数量有极显著的影响。有些培养基上基本上不形成肉眼可见的菌核，只有在显微镜下才能够看见菌丝团状的菌核。

不同种的羊肚菌的菌核形成能力差别较大，有的种或菌株甚至未发现有肉眼可见的菌核形成。目前发现有些栽培菌株在大多数培养基上都只形成显微镜下可见的菌核，肉眼很难发现。

形成菌核是羊肚菌的一个重要特征。Volk 和 Leonand 认为羊肚菌菌丝首先要形成菌核才有可能发育成子实体，但目前尚无研究结果支持这一观点。Volk 认为羊肚菌的菌核可以向两个方向发育：一是形成新的营养菌丝，继续营养生长；二是形成菌丝后，在一定条件下，由菌丝继续发育成子实体，即菌核组织没有分化，子实体是由菌核萌发的菌丝形成的。

一家美国公司报道目前已经实现了羊肚菌的商业化生产。商业化栽培羊肚菌技术包括菌核的生产和早期过冬处理阶段。从放置灭菌的小麦粒或裸麦粒的土壤上生产出"有营养储备的"菌核。菌核在最适条件下培养 18～20d，收获的菌核，用干净水浸泡 24h，撒在一个经过巴斯德灭菌的树皮和土壤混合物的薄层中。菌核萌发出菌丝体，菌丝体生长透过土层以后，一个连续 12～36h 的清水精细喷雾管理是子囊果形成的重要保证。

第四节　羊肚菌的无性型

研究发现在羊肚菌的各种菌丝培养物中发现，羊肚菌的菌丝可以产生无性繁殖体 Anamorph 或休眠体——分生孢子梗 Conidiophore 和分生孢子 Conidia。

一般情况下，羊肚菌菌种播入土壤以后 3d 以上，菌丝穿出土壤表面，形成白色菌丝层，如图 3-19 所示，手拍土面，会有大量雾状孢子云出现，这就是羊肚菌的分生孢子。显微镜下可以观察到分生孢子和分生孢子梗，如图 3-20 所示。

图 3-19　土壤表面的菌丝、分生孢子

图 3-20　土壤表面菌丝上的分生孢子、分生孢子梗

　　在培养皿和试管中进行纯培养，各种羊肚菌的菌丝稍微老化以后也都可以观察到菌丝顶端的分生孢子梗和分生孢子，如图 3-21所示。

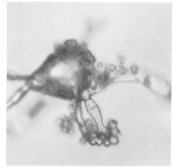

图 3-21　羊肚菌纯培养菌丝产生的分生孢子梗和分生孢子

　　羊肚菌的分生孢子梗从主干菌丝、气生菌丝生直接生出，有一、二级分枝，然后产生轮状小梗，从小梗顶端产生分生孢子，如图3-22、图 3-23 所示。其中，主干菌丝直径 20～25μm，一级分枝菌丝 10～15μm，二级分枝菌丝 5～7μm。在一、二级分枝菌丝的隔膜处产生轮状小梗，小梗长度为 30～50μm。在小梗的顶端吐出分生孢子，分生孢子堆积在小梗的顶端空间。

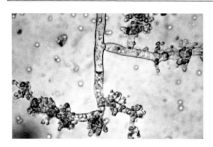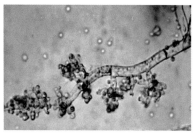

图 3-22 分生孢子梗的分枝和分生孢子

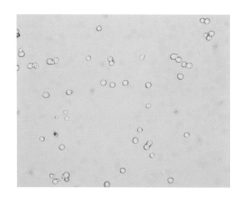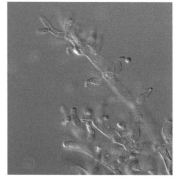

图 3-23 分生孢子梗的分枝和分生孢子

羊肚菌的分生孢子无色，球形、近球形，光滑，薄壁，单核，大小为 4~8μm。不同物种、菌株的分生孢子大小有差异。

在分类学上，大多数文献将其定义在小侧轮枝孢属 *Costantinella* 内。把羊肚菌的无性系定名为冠毛小侧轮枝孢 ***Costantinella cristata* Matr.**，*Mém. R. Accad. Sci. Torino*：97（1892）。但是，根据发表该物种的原始文献的描述，该物种是生长在法国的白杨树干上，因此应该与羊肚菌没有关系。小侧轮枝孢 ***Costantinella* Matr.**，*Recherches sur developp. de quelques Mucedin.*（Paris）：97（1892），也被划入羊肚菌科。***Costantinella*** 属其他的物种有：

堆小侧轮枝孢 ***C. athrix* Nannf.**，*Svensk bot. Tidskr.* **46**（1）：122（1952）；

棒小侧轮枝孢 ***C. clavata* Hol.-Jech.**，*Eesti NSV Tead. Akad. Toim.*，Biol. seer **29**（2）：135（1980）；

粳小侧轮枝孢 C. *micheneri*(Berk. & M.A. Curtis) S. Hughes，
Can. J. Bot. **31**：605(1953)；

棕榈小侧轮枝孢 C. *palmicola* M.K.M. Wong，Yanna，Goh & K.D.
Hyde，*Fungal Diversity* **8**：174(2001)；

芦苇小侧轮枝孢 C. *phragmitis* M.K.M. Wong，Yanna，Goh &
K.D. Hyde，*Fungal Diversity* **8**：176(2001)；

地生小侧轮枝孢 C. *terrestris*(Link) S. Hughes，*Can. J. Bot.* **36**：
758(1958)；

这些物种在原始文献中都是植物表面或表层组织内生长的病原
菌。分类学地位是菌物界 Fungi，子囊菌门 Ascomycota，盘菌亚门
Pezizomycotina，盘菌纲 Pezizomycetes，盘菌亚纲 Pezizomycetidae，
盘菌目 Pezizales，羊肚菌科 Morchellaceae。

因此，羊肚菌科的无性系应该是形态上与这个属的分生孢子梗相
似，可命名为：类小侧轮枝孢属状 *Costantinella*-like 分生孢子梗。

分生孢子的细胞核为单核，如图 3-24 所示，经过多次分裂后形
成多核分生孢子。

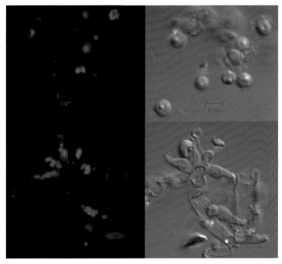

图 3-24　羊肚菌分生孢子的细胞核(刘伟提供)

分生孢子的形成过程：多核菌丝的细胞核线状排列，在顶端的单个细胞核周围形成细胞壁，包裹一个细胞核，称为分生孢子，在小梗的顶端以出泡的方式生出分生孢子，堆积在小梗的顶端。

经过大量试验，发现直接从栽培土壤表面收集的分生孢子，分生孢子在纯培养或混合培养条件下，都不萌发出新的菌丝。笔者经过30d以上的培养，只观察到个别分生孢子有吸水膨大的迹象，50d后也没有观察到长出新的菌丝。由此推测，这些分生孢子是羊肚菌真正的休眠体，它们存在于土壤中，经过休眠后在某个时间可能会长成新的菌丝。

第五节　生活循环

羊肚菌子囊果的发育过程如图3-25、3-26所示，可以表述为：

孢子萌发→菌丝→大量繁殖：菌丝分枝→相互融合→菌丝体立体网络→菌丝扭结→菌核→原基+肉质假根→子实体：肉褐色→黑色、黑褐色→褐色→成熟→孢子。

无性系：

菌种→埋土→菌丝大量繁殖→分生孢子梗→分生孢子→不形成菌丝。

菌种瓶→无色菌丝→黄褐色菌丝→分生孢子梗→分生孢子→不形成。

图3-25　子囊果的发育过程

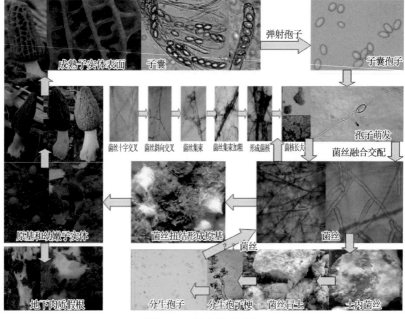

图 3-26　羊肚菌生活史

　　菌丝→菌种瓶→无色菌丝→黄褐色菌丝→气生菌丝交叉缠绕或表面菌丝萌发密集短簇菌丝→菌核→菌丝。

　　孢子→萌发→菌丝→菌丝交叉缠绕或萌发密集短簇菌丝→菌核→菌丝。

　　经大量显微观察发现，羊肚菌子囊孢子为单核细胞，很容易发生核的分裂，形成多核体，所萌发的菌丝应该是多核体。笔者经过大量的单孢分离培养，发现 100 个以上的单孢分离物都可以形成菌核，菌丝的形态和大小与组织分离的菌丝完全相同，相互之间没有产生任何拮抗现象。所以我们认为羊肚菌的单核生活循环是不存在的。

第六节　子实体形态特征与出菇的关系分析

一、菌核与出菇的关系

　　菌核有肉眼可见和肉眼不可见的两种状态，大家所说的有菌核是肉眼可见的菌核，没有菌核的实际上在显微镜下可以看见很多细小的菌核，不是绝对没有所谓的菌核。

通常情况下，有没有肉眼可见的菌核与出菇之间没有必然的关系。野生菌株或栽培菌株的单孢、多孢、组织、组孢等分离菌株都会形成菌核，有菌核的不一定出菇，出菇的不一定都有肉眼可见的菌核。有的菌株很少形成肉眼可见的菌核，同样可以出菇、高产。

菌核的数量与子实体产量没有直接关系。试管菌种的菌核数量与培养基配方有密切关系，形成菌核的时间与封口方式有关系，例如棉塞容易形成菌核，橡皮塞形成时间稍晚 1～5d；同时，菌种瓶中菌核的数量与培养料的配方、培养条件、培养时间等也有密切关系。菌种瓶盖密封很好的通气不良，不容易形成菌核，例如用薄膜加双圈橡皮筋封口；如果薄膜内部再加一层报纸封口，就容易形成大量菌核。

二、无性繁殖体与出菇的关系

无性繁殖体的有无与出菇没有直接关系。有些菌株能够形成，有的不能够形成；数量多少，是否出菇，产量如何也都不尽相同。大量不能够出菇的野生菌株都可以在土面形成无性繁殖体，菌丝体的密度可能比正常出菇的菌株还要多。

分生孢子的数量与出菇的产量不呈直线关系。能够形成分生孢子的菌株，如果因为栽培技术导致在大田中形成分生孢子的数量太多，往往会影响产量。

三、子实体大小、密度与产量的关系

通过多年栽培驯化，同样的物种已经分化出不同形态类型的栽培菌株。如：小密型、小稀型、大密型、大稀型、中密型。子实体过密，一般个体发育较小，产量也不会太高；同理，密度过稀的状态下，子实体再大，产量同样也不会太高。由此可见，一般我们应该选择中等密度、中等大小的菌株，即中密型，子实体密度达到 50～100 个/m^2，单个子实体鲜重平均为 10g，干重为 1g，每亩有效栽培面积为 400m^2，产量就可以达到 200～300kg/666.7m^2。当然出菇的密度还与栽培管理技术的有关。如梯棱羊肚菌的子实体中密型的较多，六妹羊肚菌大稀型的菌株较多。

不同菌株的菌柄长短、大小差异很大，一般应该选择小短型的菌株。因为商品羊肚菌子实体的干品，菌盖上留下的菌柄一般不能够超过 1cm，其余部分必须剪掉，传统的做法是直接废弃。

四、其他

原基数量：羊肚菌原基形成能力很强，密度为 1～10 个/cm^2。但不是所有的原基都能够成功长成成熟的子实体，原基数量多，可能成熟的就多，产量就高；反之，原基数量越少，产量就越低。

原基形成时间：越早成熟的可能性越大。出菇时间相对较长，产量可能越高。

原基形成的位置：在土壤表层 2～5mm 位置形成的子实体，容易长大成为成熟的子实体；在土壤表面形成的子实体，容易被明水淹没致死或被干风吹死，成活的比例较小。

子实体的假根：有的有，有的没有。例如，大菇的假根很大。

第四章　羊肚菌生态学

羊肚菌在全球广泛分布，生长的海拔高度为 0～4500m，自然出菇的季节为 2～11 月，对土壤在种类和肥力水平没有选择性，各种植被条件下都会出菇，土壤中的微生物可能都是"伴生菌"。羊肚菌属的部分物种可能与植物形成外生菌根菌的关系。

第一节　自然分布

羊肚菌在全球广泛分布。大致分布情况如下：

欧洲、北美洲、南美洲、亚洲及大洋洲的很多国家。欧洲各国，如法国、英国、西班牙、瑞士、俄罗斯、德国、意大利；北美洲的美国、墨西哥、加拿大，南美洲的新几内亚、危地马拉、智利、巴西；澳大利亚、新西兰；亚洲的巴基斯坦、印度、中国、日本、土耳其、土库曼斯坦、俄罗斯的亚洲部分等地。

中国：西南、西北、华中、华北、华东、华南都有分布。

主要：云南、贵州、四川、重庆、西藏、甘肃、青海、内蒙古、新疆、宁夏、陕西、山西、河南、河北、湖北、湖南、江西、浙江、江苏、福建、广东、山东、黑龙江、吉林、辽宁、北京。广西、海南还没有野生的羊肚菌发现。

四川主要在盆周山区、青藏高原分布，盆地底部的丘陵地区偶有发生，成都平原有少量的报道。

第二节　出菇季节

羊肚菌自然出菇从立春以后就有发生，立秋季节也有出菇的地区，直到小雪季节部分地区仍有出菇。在 1 月、12 月还没有采集到的野生标本，其他时间都能够采集到。

野生羊肚菌出菇最早的地方是四川绵阳安县桑枣镇、千佛镇，气温高的年份在 2 月初就可以采集到。春季 3～5 月，大部分地区都有野生的羊肚菌，如图 4-1 所示。夏季 6～8 月，出菇主要发生在高海拔地区，如新疆西北部、青藏高原、东北林区。9～10 月在云南、四川的凉山、攀枝花地区能够采集到白色、灰白色的种类，笔者在 2014 年 11 月 25 日，海拔 460m 的西南科技大学校园内采集到了野生的秋天羊肚菌，并观察到数个已经烂掉的子实体，由此估计 11 月份已经出菇 2 次，单个子实体达到 50g。

图 4-1　羊肚菌 Mes-23：2016 年 4 月 29 日，平武县锁江镇

人工栽培羊肚菌的出菇季节春天为 2～4 月，高海拔地区、北方地区的出菇季节为 4～7 月，如新疆、青海、甘肃、黑龙江、辽宁等省。

第三节　海　　拔

羊肚菌发生与海拔高度无明显的关联。海拔高度从 0m 到 4500m 均有羊肚菌分布。

华北平原：0.1～60m。

华中平原：1～50m。

四川盆地内：200～1000m。如图 4-2 所示。

山东：100～600m 的低山、丘陵地带。

云贵高原：500～3500m。

秦岭山区：1700m，阔叶林。

青海祁连山东端：2650～3300m，阔叶林区或沙地上。

青藏高原：3000～4500m，四姑娘山——长坪沟。

不同的物种分布的海拔高度有差异。

图 4-2　秋天羊肚菌：海拔 460m，西南科技大学校园内，四川绵阳

第四节　土　壤

羊肚菌是典型的土腐生蕈菌。菌丝体必须与土壤接触才能出菇，不入土不出菇。但是羊肚菌对土壤类型无选择性，这可能与土壤的肥力有一定的关系，肥力越高，个体越大，越容易出菇，瘠薄的沙质土壤出菇少、个头小，如图 4-3 所示。

羊肚菌在各种森林土壤、耕地土壤、沙地、沙滩、沙漠边缘上都会出菇。

羊肚菌菌丝体在纯培养条件下，不能够形成子实体，菌丝体必须与土壤混合才能够出菇。主要是利用土壤内低浓度的有机、无机营养物质、水分等，同时土壤中的各种微生物对其子实体发生也有极大的

图 4-3　羊肚菌：*Mes*-19 菌柄基部的土壤

刺激作用。但起决定作用的微生物种类还没有详细的研究报道，微生物作用的机制也尚未有人研究。

第五节　植　　被

羊肚菌对植被没有明显的选择性。在各种针叶林、阔叶林、针阔混交林、草地、荒地中均有发生。在玉米地、油菜地等耕地上，华北、华中平原的杨树林、果园等人工林，都自然发生。其他如：沙漠边缘、水缸边缘、禽畜圈舍边缘、沟渠边缘、道路边也都可以采集到。

很多羊肚菌物种与多种植物形成了共生的外生菌根关系，如图 4-4～图 4-7 所示。植物群落多数具有物种多样性，不同种类的植物的根系相互间是混杂在一个空间里面生长的，羊肚菌物种与植物物种之间可能不存在专一性的共生关系。

根据人们多年来的经验发现，在山区的火烧迹地、烧过木炭的场地、提炼过香樟油的场地最容易出菇，如图 4-7 所示。其原因可能是烧火清理了杂草，暴露出土壤。植物的灰烬、火炭调节了土壤的 pH，使裸露的土壤更容易吸收雨水、补充水分等，为羊肚菌提供了适合其使生长的选择性生态环境。值得注意的是，并不是所有的火烧迹地都会出现大量的羊肚菌。

图 4-4　野生羊肚菌 *Mes*-21：四川广元朝天区

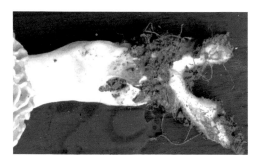

图 4-5　羊肚菌菌柄上的植物根系

图 4-6　羊肚菌 *Mes*-21：与植物的关系

图 4-7　火烧迹地

第五章　羊肚菌生理条件

羊肚菌生长的生理条件即各种营养条件，包括营养类型、天然物质提取物、碳源、氮源、矿质元素、生长因子等，其物质成分的种类和浓度对菌丝体和子实体生长都有显著的影响。

第一节　羊肚菌的营养类型

羊肚菌属物种数量众多，它们有不同的营养类型：能够进行子实体培养的物种属于土腐生型，形态上大多数是黑色类群的物种；不能够或者是还无法人工驯化出菇的种类属于菌根型-共生类型，形态上大多数是黄色类群的物种。

一、土腐生类型

目前栽培的羊肚菌物种属于土腐生性菌。为土腐生类型，非木腐生类型、草腐生类型。主要靠土壤中的有机质、各种有机化合物为有机营养源，生长在腐殖质较为丰富的基质上，吸收土壤中的矿物质作为无机营养源，人工在土壤中添加木屑、秸秆草粉、有机肥等有机物有一定的增产作用，过量添加会导致减产或绝收。

人工能培养得到子实体证明，如梯棱羊肚菌、六妹/七妹羊肚菌、Mel-21，这些物种可以不与任何活的高等植物有共生或寄生关系，完全能够在土壤中形成子实体，属于土腐生类型。

但是，这种营养类型的羊肚菌与双孢蘑菇、鸡腿菇、大球盖菇、竹荪等腐生类型的蕈菌有显著区别，这些担子菌的菌丝可以经过大量培养料的纯培养，只要有机物的浓度为 95%～100%，在培养料表面覆土以后就可以形成子实体。而羊肚菌的菌丝体用大量纯料培养再覆土，绝对不会出菇，必须把菌种混合在土壤中，在有机物浓度低于10%的情况下，菌丝体长满土层以后才会形成子实体，因此，羊肚菌属于一类特殊的土腐生类型。

土腐生型的羊肚菌种类必须生长在有机物浓度很低的土壤中才能够正常形成子实体，栽培羊肚菌的土壤有机质含量即有机物的浓度为 0.5%～3%，不需要在土壤中添加大量的有机物，就可以大量出菇。如果有机物浓度超过一定的数量，每亩土壤中干培养料的数量超过 1 吨，菌丝体生长会非常旺盛，但子实体形成的数量将很少或者不会形成。

二、共生类型

大量的研究发现许多羊肚菌物种与很多植物形成共生的外生菌根菌，特别是黄色类群的物种，属于共生类型。它们能够与多种植物形成共生关系，植物为其提供有机营养源，土壤为其提供无机营养源。

如黄色类群中的物种：*Mes*-23，能够在植物根表面形成一个明显的菌丝套，如图 5-1 所示，植物的根系很难与菌柄分离开，表明它们已经形成共生关系。该标本采集地：四川省绵阳市平武县锁江镇渔洞村，海拔高度为 1600m，采集时间 2016 年 4 月 29 日，共生植物为一种悬钩子，属蔷薇科（Rosaceae）悬钩子属（***Rubus* L.**）。

图 5-1　植物根表面的羊肚菌菌丝套

第二节 天然原料提取物

羊肚菌菌丝体适宜采用各种天然原料的细粉状物或热水提取物做培养基进行培养。如麸皮、松针、玉米粉、黄豆粉、麦芽、米糠、蕈菌子实体、马铃薯、树叶、树枝、竹叶、竹枝条等，将这些原料干品粉碎后过筛，用 5～10g 细粉直接加入琼脂液体中；或用这些原料30～100g，加水 1200mL，煮沸 20min，过滤，在滤液中加入琼脂做成培养基，都是羊肚菌菌种培养的适宜培养基。

试验结果表明，如表 5-1 所示，麸皮最适浓度为 10g、棉籽壳最适浓度为 10g、木屑最适浓度为 10g、黄豆粉最适浓度为 1g、玉米粉最适浓度为 1g。由此可得，该型羊肚菌在不同培养基上生长的最适浓度在 1～10g 之间，浓度太高太低都不适宜羊肚菌生长，高浓度甚至会对菌丝的生长产生抑制作用。

表 5-1 麸皮用量对菌丝生长的影响 （单位：cm）

麸皮用量/ (g/L)	时间/h									
	0		24		48		72		96	
菌株	207	327	207	327	207	327	207	327	207	327
10	0	0	1.8	1.5	4.1	4.4	6.7	6.5	9.0	9.0
25	0	0	1.7	1.4	4.0	4.1	5.8	5.8	8.2	7.6
75	0	0	1.6	1.3	3.4	3.3	5.7	5.1	7.9	7.0
50	0	0	1.4	1.3	3.2	3.1	4.6	4.8	6.9	6.4
100	0	0	0.8	1.0	2.8	2.0	4.4	3.9	6.6	5.2

不同种培养基最优浓度之间菌丝生长、菌核形成比较：麸皮 5g，80h 长满；棉籽壳 5g，80h 长满；木屑 10g，120h 长满，如表 5-2 所示；黄豆粉 5g，80h 长满；玉米粉 10g，72h 长满。结合 70h 左右菌丝生长情况可得，不同培养基上羊肚菌长势由高到低分别为：玉米粉、棉籽壳、麸皮、黄豆粉、木屑。但是麸皮中菌核生长情况较好，其次为棉籽壳，再次为黄豆粉，其他培养基均不形成菌核；马铃薯培养基

上菌丝体生长较为稀疏，菌丝体生长速度较快，如表 5-3 所示。所以麸皮 10g 上羊肚菌长势最好。

表 5-2　木屑用量对菌丝生长的影响　　（单位：cm）

木屑用量/ (g/L)	时间/h									
	0		24		48		72		96	
菌株	207	327	207	327	207	327	207	327	207	327
10	0	0	2	2.1	5.3	4.7	7.9	7.5	9.0	9.0
25	0	0	1.8	1.9	4.2	4.6	6.6	7.3	9.0	9.0
75	0	0	1.7	1.9	4.1	4.5	6.5	7.1	9.0	9.0
50	0	0	1.7	1.6	3.9	4.3	4.9	6.9	8.1	9.0
100	0	0	1.6	1.3	3.7	4.1	4.7	6.8	7.5	9.0

表 5-3　马铃薯用量对菌丝生长的影响　　（单位：cm）

马铃薯/ (g/L)	时间/h									
	0		24		48		72		96	
菌株	207	327	207	327	207	327	207	327	207	327
10	0	0	1.6	1.3	4.1	2.9	5.7	3.6	7.5	6.1
25	0	0	1.2	1.2	4.2	2.3	5.4	3.3	7.5	5.6
75	0	0	1.0	1.2	3.2	2.0	4.2	3.1	7.4	5.5
50	0	0	0.9	0.9	3.0	2.1	4.1	3.1	6.8	5.2
100	0	0	0.9	0.8	2.9	1.9	3.8	2.8	6.3	4.9

高浓度的培养基中气生菌丝生长较好，但是菌丝生长缓慢，菌丝浓密，菌核数量较多。

第三节　碳　　源

适合羊肚菌菌丝体生长的碳源有淀粉、蔗糖、葡萄糖、果糖、麦芽糖、乳糖、纤维素、木质素、多糖等，碳源在种类和浓度对菌丝体生长有极显著的影响。

试验结果见图 5-2，在所有培养基上，羊肚菌菌丝体均能正常生长。菌落的形态特征：在空白培养基中，菌丝生长迅速，但是十分稀疏，可能原因：营养物质缺乏刺激菌丝迅速扩张，以寻找到碳源。在其他碳源培养基中，菌丝体初期为白色，随着菌丝的生长，逐渐变黄，至长满平板，菌丝呈棕黄色，并有棕黄色液体分泌，菌丝浓密，部分培养基中出现黄色块状菌核。其中可溶淀粉、蔗糖、葡萄糖是最适宜的碳源。

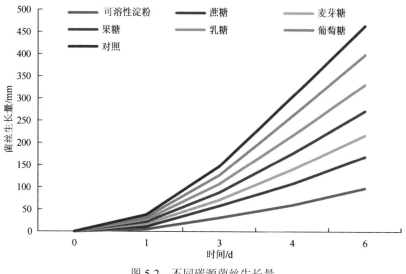

图 5-2　不同碳源菌丝生长量

试验的 3 个菌株所有浓度的可溶性淀粉培养基中均能生长，如图 5-3 所示，生长状况良好。

菌落形态特征：菌丝体初期为白色，随着菌丝的生长，逐渐变黄，至长满平板，菌丝呈棕黄色，并有棕黄色液体分泌，菌丝浓密可溶性淀粉的浓度对菌种生长的影响不大，生长速度差异不显著，以浓度为 1.5%最快，选用此浓度作为培养基中可溶性淀粉的最适浓度。

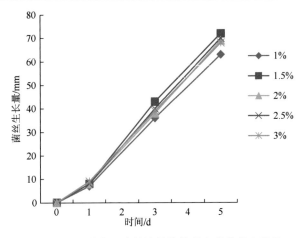

图 5-3 不同浓度可溶性淀粉培养基上的菌丝生长量

第四节 氮 源

适宜羊肚菌菌丝体生长的氮源包括有机氮、无机氮源。有机氮源中蛋白胨、酵母粉、牛肉膏、玉米粉、黄豆粉、麸皮等均适合，如图 5-4 所示。无机氮源中，羊肚菌菌丝在硝酸钾培养基中生长良好，在铵盐培养基中生长较慢，在尿素培养基中生长最慢。

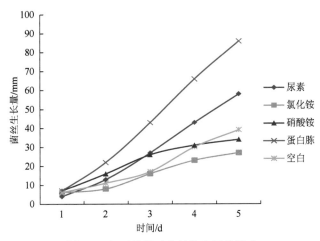

图 5-4 氮源种类对菌丝体生长的影响

氮源在一定浓度内，随着氮源量增加，菌丝生长速度增加，总体0～12h 长势较慢，之后长势加快。

蛋白胨培养基上菌丝体呈无色，透明，菌丝为白色，菌丝生长速度较快，长势较好，便于菌丝体的观察，各浓度培养基上菌丝体生长速度差异不显著，如图 5-5 所示。酵母粉各个浓度梯度都有利菌丝生长，菌丝长势较好，在酵母粉 2.5g/L 浓度中菌丝生长最快，长势最好，如图 5-6 所示。KNO₃ 有助菌丝生长，培养基透明，适合

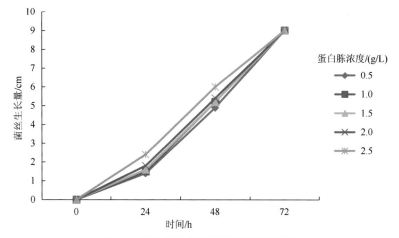

图 5-5　蛋白胨浓度对菌丝体生长的影响

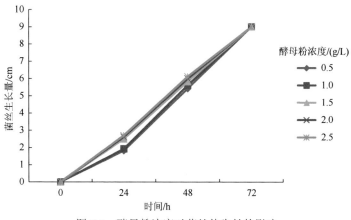

图 5-6　酵母粉浓度对菌丝体生长的影响

羊肚菌菌丝体的培养和观察试验，KNO₃浓度在 0.5g/L～1.5g/L 范围内菌丝生长最慢、长势最缓，如图 5-7 所示。玉米粉培养基上菌丝体生长速度差异不显著，如图 5-8 所示，菌丝生长浓密，容易形成菌核。

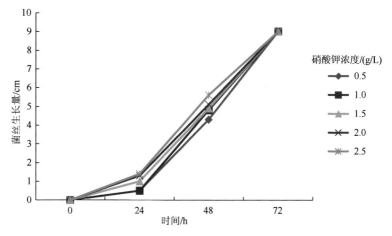

图 5-7　硝酸钾浓度对菌丝体生长的影响

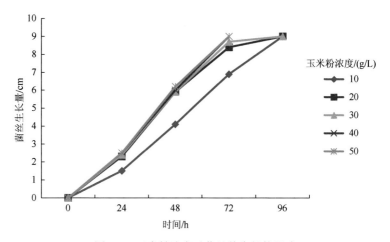

图 5-8　玉米粉浓度对菌丝体生长的影响

第五节 矿质元素

在添加了硫酸钾的培养基中，菌丝的生长速率不稳定，波动较大。试验结果如图 5-9 所示，培养 6d，硫酸钾用量为 1g/L 的培养基菌丝平均长度为 7.6cm，硫酸钾用量为 2g/L 的培养基菌丝平均长度为 7.9cm，硫酸钾用量为 3g/L 的培养基菌丝平均长度为 8.0cm，硫酸钾用量为 4g/L 的培养基菌丝平均长度为 7.9cm，硫酸钾用量为 5g/L 的培养基菌丝平均长度为 7.9cm，硫酸钾用量为 6g/L 的培养基菌丝平均长度为 7.9cm，硫酸钾用量为 7g/L 的培养基菌丝平均长度为 8.1cm，硫酸钾用量为 8g/L 的培养基菌丝平均长度为 8.1cm，硫酸钾用量为 9g/L 的培养基菌丝平均长度为 8.1cm，硫酸钾用量为 10g/L 的培养基菌丝平均长度为 8.0cm，在添加了硫酸钾剂的培养基中，菌丝较为稀疏，有少量白色气生菌丝。在第 5d 左右出现浅褐色菌核，呈点状分布在培养基菌丝上。随着时间的增加，菌核数量不断增加，颜色也逐渐加深。所以说，硫酸钾试剂抑制菌丝生长，最大抑制率近 30%，即只有空白对照生长量的 30%。

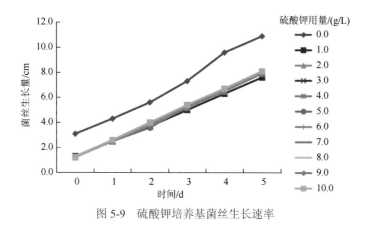

图 5-9 硫酸钾培养基菌丝生长速率

试验结果如图 5-10、图 5-11，在培养基中添加氯化钠，当 Na^+ 浓度为 0.1g/L 时，菌丝生长情况比空白对照更好，其余浓度梯度的菌丝生长情况均比空白对照慢，其中 2.5g/L 浓度梯度中的菌丝在 72h 内均没有生长，之后才开始缓慢生长，而 5g/L 浓度梯度中菌丝一直都没有生长，表明高盐浓度对菌丝体生长有显著的抑制作用。

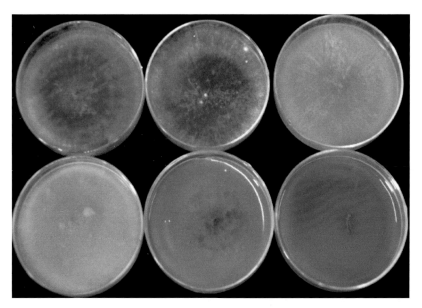

图 5-10　氯化钠培养基上菌丝体生长状况

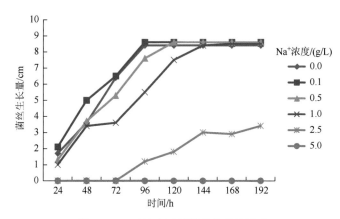

图 5-11　Na⁺浓度对菌丝体生长的影响

Mg^{2+}的各浓度梯度的培养基上生长速度的差异不显著,如图 5-12 所示,但是还是存在浓度越大,生长速度越慢的现象。菌丝体都在第 5d 的时间长满培养皿。

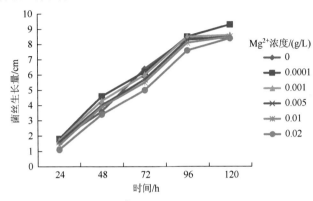

图 5-12 Mg^{2+}浓度对菌丝体生长的影响

试验结果如图 5-13 所示,Cu^{2+}培养基所有浓度梯度的菌丝生长情况在 96 小时以前都比空白对照差,在 96h 时浓度梯度为 0.0001g/L 超过空白对照,其他浓度梯度依然比空白对照差。120h 和 144h 时浓度梯度为 0.001g/L 和 0.005g/L 的菌丝生长情况超过空白对照,浓度梯度为 0.01g/L 和空白对照一样,浓度梯度为 0.02g/L 比空白对照差。低浓度的 Cu^{2+}浓度对菌丝体生长没有显著的抑制作用。

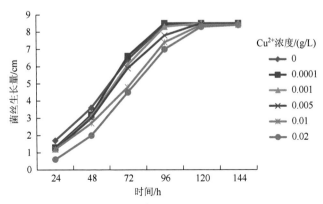

图 5-13 低浓度 Cu^{2+}浓度对菌丝体生长的影响

试验结果如图 5-14、图 5-15 所示，Fe^{2+} 浓度会显著影响羊肚菌菌落的颜色和菌丝体的密度。在培养基中添加 Fe^{2+} 以后菌落颜色呈白色，非黄褐色，都能够形成菌核。菌丝在 Fe^{2+} 的各浓度梯度的培养基上生长速度总体差异不大，它们都是在第 6d 的时候长满培养皿，但是在第 1d 的时候浓度梯度为 0.02g/L 的培养基上菌丝未生长，而且生长速度最快的并不是浓度最小的 0.0001g/L 培养基，而过了第 1d 后，才开始呈现出浓度越大生长速度越慢的趋势。

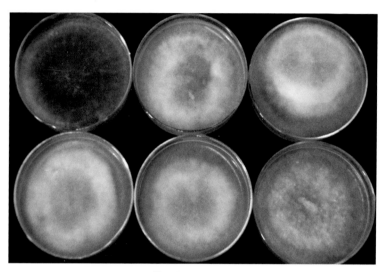

图 5-14　Fe^{2+} 浓度对菌丝体形态的影响

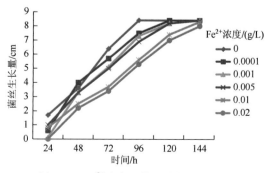

图 5-15　Fe^{2+} 浓度对菌丝体生长的影响

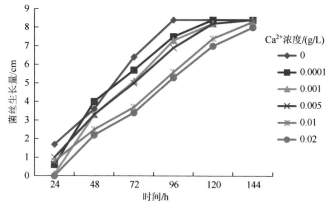

图 5-16　Ca²⁺浓度对菌丝体生长的影响

　　试验结果如图 5-16，羊肚菌菌丝在 Ca²⁺的各浓度梯度的培养基上，菌落呈白色。菌丝体生长速度的总体差异较大，浓度梯度为 0.1g/L 和 0.5g/L 培养基上菌丝在第 7d 长满培养皿，浓度梯度为 1g/L 培养基上菌丝在第 8d 长满培养皿。浓度梯度为 5g/L 的培养基上菌丝一直未生长，表明高浓度的 Ca²⁺对菌丝体生长有抑制作用。

第六节　重金属元素

　　在添加重铬酸钾($K_2Cr_2O_7$)的培养基中，羊肚菌菌丝气生菌丝浓密、粗细程度，菌核大小、数量同营养菌丝生长旺盛程度（长度、浓密、粗细）呈正相关关系，如图 5-17 所示，菌丝体呈浅黄色、黄棕色、棕褐色。Cr^{6+}离子浓度低于 50.0mg/L 对梯格羊肚菌有促进作用，高于此浓度表现一定的抑制作用，在 Cr^{6+}离子达到 400mg/L 时间，菌丝体仍然可以生长，表面羊肚菌菌丝体对 Cr^{6+}离子的耐受性非常强。

　　Mn^{2+}是羧化酶的激活剂，是糖代谢中许多酶类发挥活性所必需的元素。在添加硫酸锰($MnSO_4·H_2O$)的培养基上，梯格羊肚菌菌落颜色深浅不一，呈浅黄色、黄棕色、棕褐色，菌丝体细密，能够大量形成菌核大，在 Mn^{2+}离子浓度为 1.0～400.0mg/L 浓度范围内，如图 5-18 所示，梯格羊肚菌菌丝体生长有促进作用，并没有表现出明显的抑制作用。

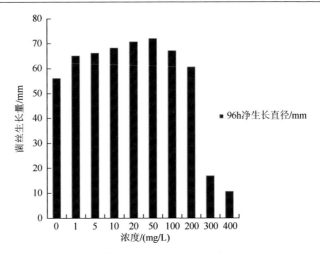

图 5-17 Cr^{6+}浓度对梯格羊肚菌长曲线的影响

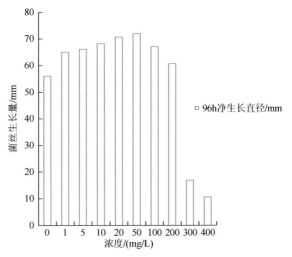

图 5-18 Mn^{2+}浓度对梯格羊肚菌长曲线的影响

在氯化镉($CdCl_2·2.5H_2O$)培养基上，结果如图 5-19 所示，Cd^{2+}离子浓度为 1.0～400.0mg/L，菌落平均生长速度为 1.7～9.5mm/d。在 Cd^{2+}离子浓度 1.0mg/L、5.0mg/L、10.0mg/L、20.0mg/L 浓度下，梯格羊肚菌菌落生长有促进作用，50.0mg/L、100.0mg/L 浓度下有明显抑制作用。

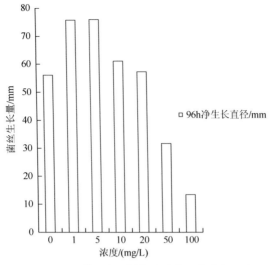

图 5-19　Cd^{2+}浓度对梯格羊肚菌长曲线的影响

在硝酸铅(Pb(NO$_3$)$_2$)培养基上,结果如图 5-20 所示,Pb^{2+}离子浓度为 1.0~400.0mg/L,菌丝体每日生长量在 2.9~10.1mm/d 范围内,菌落颜色为浅黄色、黄棕色、棕褐色,营养菌丝浓密,菌落边界分界则清晰、整齐,呈圆形边界;营养菌丝稀疏,菌落边界分界则渐

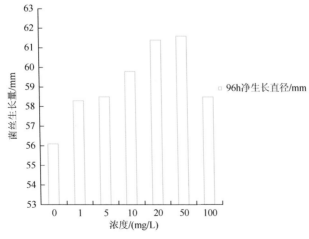

图 5-20　Pb^{2+}离子浓度对梯格羊肚菌长曲线的影响

变、不整齐、呈锯齿或波浪形。Pb^{2+} 浓度在 1.0~20.0mg/L 范围内，梯格羊肚菌菌丝体生长受到轻微促进作用。

在仲钼酸铵 $[(NH_4)_6Mo_7O_{24}\cdot4H_2O]$ 培养基上，梯格羊肚菌菌落颜色为浅黄色、黄棕色、棕褐色。营养菌丝浓密，其菌落边界分界则清晰、整齐，呈圆形边界；营养菌丝稀疏，其菌落边界分界则渐变、不整齐、呈锯齿或波浪形。Mo^{6+} 对梯格羊肚菌菌丝体生长、菌核发生综合促进作用的最佳浓度是 10.0mg/L，在浓度达到 100.0mg/L 时，菌丝体仍然生长很好，如图 5-21 所示，并没有受到明显的抑制作用。Mo^{6+} 除了促进羊肚菌生长外还能增强其抑菌作用。有研究发现内生菌能促进宿主生长，提高宿主抗逆性，增强宿主竞争力。

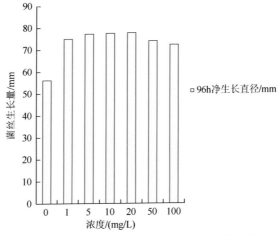

图 5-21 Mo^{6+} 离子浓度对梯格羊肚菌长曲线的影响

第七节 生 长 因 子

羊肚菌菌丝体生长速度很快，可以达到 10~20mm/d，是所有栽培食药用菌中菌丝体生长最快的一种。

一般天然培养基、半合成培养基、合成培养基中的营养成分已经足够丰富，特别是添加了天然原料的培养基中，含有各种维生素、生长素、氨基酸、生长激素，完全能够满足菌丝体的生长所需，不需要在培养基中添加这些物质。

第六章 羊肚菌生长环境条件

羊肚菌菌丝体和子实体生长的环境条件包括：温度、湿度与水分、pH、光照、空气等。每一个因素都有一个最适合的量。

第一节 温 度

羊肚菌属于低温型蕈菌。各地在每年春季 2～5 月份和秋季 8～11 月份的雨后多发生，比各种野生蘑菇要早发生 2～3 个月。羊肚菌生长期除需要有较低气温外，还要有较大温差，这可刺激菌丝体分化，一般羊肚菌生长所需温度在 10～20℃范围内。

羊肚菌菌丝体最适在 22～25℃生长，在一般的培养基上生长速度可以达到 10～20mm/d。低于 5℃生长速度很慢，生长速度小于 5mm/d，但是生长健壮浓密；高于 35℃，菌丝体稀疏；高于 40℃，菌丝容易死亡。

原种、栽培种的培养前 10～15d，培养的温度一般控制在 20～22℃，菌丝体生长速度相对较快。培养后期，温度控制在 18～20℃，菌丝体生长速度相对变慢，菌丝体生长更加健壮，菌核数量更多。

羊肚菌子实体最适在 15±3℃下出菇，在温度稳定超过 8℃的时间达到 3d 以上，就很容易形成子实体原基。日平均气温在 15℃以下，子实体生长速度很慢，需要 20～25d 才能够达到采收标准。日均气温在 15℃以上，子实体生长速度很快，10～15d 就能够达到采收标准。

室内培养在 10℃以上都会出菇，始终处于恒温状态，表明羊肚菌不需要低温刺激也可以出菇。

气温高于 18℃，不再形成原基。超过 25℃，子实体全部倒伏死亡，出菇的后期要特别注意防止高温。低海拔地区，如四川成都、德阳、绵阳等地的 3 月 20 日～30 日，常常出现一个连续 3～5d，最高气温超过 25℃，甚至达到 27℃的高温天气，就会结束全部的出菇。

温度越低，温差越大，子实体生长速度越慢，菌柄和菌盖的菌肉较厚，水分含量低，单个质量大，质量更佳。出菇后期温度高，子实体生长速度快，菌肉较薄，质量轻，个头小，品质差。

第二节　水分与湿度

羊肚菌是喜湿蕈菌。菌丝生长适宜的培养料含水量与一般食用菌要求的含水量相似，最适含水量为60%～65%，不低于55%，也不超过70%。用麦粒制菌种，麦粒含水量可为36%～40%，但辅助料含水量应为65%。菌种培养过程中，空气相对湿度一般要低于70%，相对密闭的培养室内，空气湿度大，培养后期容易发生杂菌感染，可以在地面、菌种瓶、菌种袋表面撒一层石灰降低湿度，同时防止杂菌的感染。

子实体发生时土壤含水量为20%～23%，空气相对湿度为85%～90%。土壤含水量过低，子实体不容易发生，形成的子实体也容易死亡。但是土壤含水量也不能够超过25%，如图6-1～图6-3所示，土壤太湿，土层内没有足够的氧气供应，菌丝体死亡，原基和幼菇都容易死亡，导致出菇产量很低，一般为0～10个/m²。

土壤含水量过高的外观表现是：如图6-1、图6-2所示，泥土黏鞋、黏手，苔藓植物覆盖土面的比率达到50%以上，满土绿色；如图6-3所示，土面菌丝浓白、不褪色，分生孢子粉很多，手拍打土面形成浓雾状的孢子云。

注意：喷水出菇，淹水死菇。原因是：水-气矛盾突出，土壤含水量过高，土壤中缺乏氧气，菌丝被淹死无法生长。

子实体原基、幼菇对明水非常敏感，如果直接向原基和高度小于2cm的幼菇上直接喷水，它们都会直接死亡。一般应该向空气中喷雾化水，喷头一定朝上，不要直接对着地面上的子实体喷水。

边缘效应的原理之一是：在栽培大田的走道上、畦面四周的边缘地带，土壤含水量大，空气湿度高，很容易出菇，子实体密度一般比畦面更多，就形成了边缘效应。例如：如图6-4所示，在平整的畦面上踩踏一个下陷3～5cm的脚印，成为一个小洞，这个洞内出菇最早、数量最多。

图 6-1　土壤过湿，湿土含水量超过 27%，苔藓植物过多的情况

图 6-2　土面布满绿色的苔藓植物

图 6-3　土壤湿，分生孢子粉过多的情况

图 6-4　脚印洞内出菇

第三节 pH

羊肚菌菌丝和子实体生长的 pH 以 6.5～7.5 为宜，培养料 pH 不宜超过 8，也不要低于 5.0，料中最好不要加石灰，如加入 1%～1.7% 的石灰，菌丝生长浓密程度会显著减弱，生长速度显著变慢。

菌种培养料中，可以适当添加碳酸钙，用量为 1%～2% 作为缓冲剂，中和培养料中的酸性物质。因为高温灭菌会产酸、菌丝体生长过程也会产酸，加入碳酸钙后可以有效地防止因为培养料 pH 下降，出现抑制菌丝体生长的现象。

栽培土壤的 pH 以 6.5～7.5 为宜。北方或山区旱地、南方的水稻田中，土壤中有机质较高，pH 低于 6，可适量在大田撒石灰、草木灰等进行调节。根据具体田块的情况，如图 6-5 所示，石灰用量为 50～150kg/亩，草木灰用量为 200～300kg/亩。具体操作方法为，先把石灰粉、草木灰均匀撒在土壤表面，用旋耕机均匀地混合在土层中。石灰还有一定的杀菌、杀虫作用。

图 6-5 大田平整后撒石灰

第四节 光 照

羊肚菌的菌丝生长阶段不需要光照，与一般食药用菌相同，光会抑制菌丝生长。

光照可刺激菌丝体上形成菌核。因此，母种、原种、栽培种的培养过程中，特别是后期可以适当给予较弱的光照。

栽培过程中，光照可以促进土壤表面的羊肚菌菌丝体由白色转变为褐色、棕褐色。

子实体原基形成时需弱光刺激，强度为 10～100Lx，一般规格为 6 针的遮阳网透过的光照就可以满足。如图 6-6 所示，3、4 针的遮阳网透光量过大，光照过强，无法防止雨水，也无法防止低温冻害，土壤含水量过高，苔藓植物生长过多，羊肚菌子实体产量很低。

图 6-6　遮阳网过稀

子实体发育时有明显的趋光性。在高连棚的周围最容易观察到趋光现象，子实体一般都是向大棚的外边缘倾斜或弯曲。

促进子实体着色。遮光非常严实的盆栽，子实体在黑暗的条件下生长，呈白色、灰白色、浅白色，子实体变成深色必须要有足够的光照。室内栽培可以用 LED 灯带进行照明，每天开灯 6～8h。

第五节　空　　气

羊肚菌是好气性蕈菌。在菌丝生长期间耐高 CO_2 浓度，但是通气良好的透气瓶盖，会使菌丝体生长速度更快。橡皮筋扎口太紧，通气不良,菌丝体生长速度则会变慢。试管菌种用乳胶塞封口,通气不良,菌丝体老化速度慢,培养基水分蒸发速度很慢,可以长时间保藏菌种。

在土壤中,水多导致缺氧,菌丝体会大量死亡,所以土壤的含水量绝对不能够太高,一般的土壤含水量不要超过 25%。大水漫灌,导致土层含水量过高,表面 1~2cm 范围内的菌丝体浓密,分生孢子粉很多,这是一种非常不好的状态。

子实体发生时对氧需求强烈,足够的氧对羊肚菌的正常发育和生长是十分必要的。阴暗处及过厚的落叶层中,羊肚菌很少发生,即使发生,其质量也差。子实体发生时要求 CO_2 浓度不超过 0.3%。

在菌种培养过程中,通气状态影响菌核的形成。菌种瓶、菌种袋盖上透气盖,菌核发育良好,数量多。如图 6-7 所示,用不透气的薄膜封口,小口瓶用双圈橡皮筋扎口,大口瓶用单圈橡皮筋扎口,通气都处于不良状态,菌核很难形成。

图 6-7 通气状态对菌种菌核形成的影响

第七章　羊肚菌高产栽培原理

第一节　羊肚菌子实体原基形成能力

羊肚菌子实体原基的形成能力是非常强的，如图 7-1、图 7-2 所示，可以达到 1 个/mm²。按照 1 个/cm² 计算，即 $100 \times 100 = 10000$ 个/m²，如果单个子实体鲜重按 10g/个计算，就是 100kg/m²。

图 7-1　羊肚菌子实体原基形成情况

图 7-2　羊肚菌原基的形成情况

常规有效播种面积按照 $400m^2$/亩计算,就可以形成 40000kg/亩的产量。如果人工栽培能够得到理论产量1%的效果,即 100 个/m^2,也就是 1 个/$0.01m^2$,10cm 间距有一个成熟的子实体,单位面积产量就可以达到 400kg/亩,而多年来的高产面积产量为 100～150kg/亩,少量面积已经达到 200～500kg/亩。因此,羊肚菌栽培的产量潜力是非常巨大的。

正常情况下,羊肚菌菌株形成原基的数量越多,子实体产量越高。

在沙质土、沙壤土土质中,保湿条件较好的状态下,原基容易在土壤表面形成,肉眼可以看到最小的小白点状的原基。相反,保湿状态不好,土壤偏干,不容易在表面形成原基。

在土壤质地是黏土、土粒较大的田块很难直接在土面看到原基,这些田块的原基是从土块的缝隙下面、土层表面以下几毫米的位置形成,只有当原基长度达到 5～10mm 的高度,顶出土面以后才能看见。

幼小的原基抵抗自然条件变化的努力能力很弱。原基形成以后,未长大到 10mm 高以前最为脆弱,这时如果下雨、喷水,导致水渍或水淹,在原基表面形成了一层水膜,隔绝了原基生长的空气,24h 内就会死亡;遇干热风吹袭,立即死亡;突然降温,温度低于 8℃,或突然升温,温度高于 18℃,原基都容易大量死亡并消失。

第二节　边缘出菇效应

如图 7-3 所示,羊肚菌的子实体发生常常集中在栽培畦面的两个边缘,畦面中央的子实体数量相对很少,表明羊肚菌出菇具有明显的边缘效应。栽培过程中容易在走道沟内出菇,有时也叫"沟沟效应"。

边缘效应的机制是畦面边缘或走道沟内的湿度最好,最容易形成原基,子实体也可以正常生长;同时,边缘是羊肚菌菌落之间的接触带容易产生种内拮抗效应;边缘还是羊肚菌菌丝与土壤内的外群微生物竞争的位置,羊肚菌会首先在此形成子实体。

图 7-3 羊肚菌子实体形成的边缘效应

栽培技术必须考虑尽量扩大边缘效应，使边缘效应发挥到极致。可以采取沟播、条播、垄播或窝播、点播的方式进行，尽量加长边缘的长度和数量。在条沟之间、窝与窝之间形成大量的边缘，菌丝分别向两侧生长，菌丝在边缘处交汇，就会集中在菌丝交汇的地方成行或成圈出菇。

第三节 连续出菇效应

连续出菇效应是指在适当的温度、湿度条件下，羊肚菌子实体可以连续不断地形成新的原基，即大的子实体在不断长大，幼小的原基在不断地形成，如图 7-4 所示。

气温能够稳定在 8～18℃ 范围内时期越长的地方，子实体发生的数量就越多，能够完全成熟的数量就越多，高产潜力就越大。

现在栽培的主产区主要是南方的低海拔地区，温度稳定在 8～18℃ 范围内的时间较短，只有 4～5 周时间，甚至 3 周。如果出菇后期突然有 2～5d 超过 20℃ 甚至 25℃ 的突然升温的情况，并伴随干热风吹，

（如这样的情况常在 3 月 20～25 日出现于四川省的绵阳、成都、德阳等地），已经形成的幼小子实体就会死亡，无法收到全部的有效产量，便会导致产量很低或不稳定。

图 7-4　连续形成原基-子实体生长

因此必须考虑延长出菇期。措施主要包括：

地域选择：选择适合子实体原基形成、生长发育温度范围时间较长的地区进行栽培，如高原、高海拔的山区、北方、西北等地作为最适合栽培羊肚菌的区域。

保温措施：在播种以后的冬季，在地面直接覆盖黑色微地膜或拱小拱棚遮盖薄膜；大棚采用 6 针遮阳网加上一层厚膜，可以提前 15～25d 出菇。

提前播种：将播种时间提前到 11 底之前。

提前摆放营养料袋：改常规的播种后第 20～25d 为播种后的第 7～10 天摆放。

防止出菇后期的高温：春季 3 月中旬后容易出现高温，可以在大棚内再增加一层 6 针的遮阳网遮盖，防止棚内的高温；还可以在遮阳网上连续喷水降温。

防雨措施：每年出菇的季节，往往是各地春天多雨的时间段，常常出现 10～20d 的阴雨，雨水通过单层遮阳网后积累成很大的水滴，直接溅落在土壤表面，溅起的土粒和水珠直接接触羊肚菌子实体，导致原基死亡，严重的会造成绝收；同时大菇表面积累大量土粒，无法食用。采用双层遮阳网可以有效防止雨水淋湿土壤，防止雨水滴下冲击土壤后将泥土溅落在子实体上。

室内工厂化栽培：完全在人工条件下控温、控湿出菇。

第四节　适量投料高产效应

羊肚菌栽培模式分为有料栽培、无料栽培2种主要模式。羊肚菌大田栽培过程中，播种前在土壤中施用一定数量的底料的栽培面积不足5%，超过95%的面积都没有施用任何原料。实践证明，在大田中适当施用底料，可以获得理想的产量，2013/2014年某基地栽培面积为60多亩，平均产量达到了240kg/亩以上。

羊肚菌栽培过程中，包括有机质、矿物质、水分等主要营养物质来源于：土壤、添加的底料和肥料、菌种原料，和摆放在土壤表面的营养料袋；水分还来自雨水和人工浇灌的水。这些物质的消耗包括：土壤内微生物、动物的呼吸消耗，羊肚菌菌丝体和子实体的呼吸消耗，羊肚菌子实体的物质积累，水土的流失，地表的水分蒸发、蒸腾作用损失，如图7-5所示。

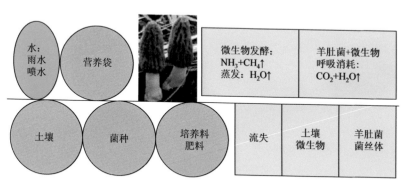

图7-5　羊肚菌栽培过程的物料衡算

羊肚菌子实体的物质来源：

$Y_{羊肚菌}=f$(土壤有机质，菌种培养料，培养料，营养袋培养料)

如图7-6所示，羊肚菌菌丝体数量分布最多的区域在表层20cm的耕作层内，该层土重约为300吨；一般栽培者在土中加入的底料干

重为 0～1000kg/亩；菌种用量为 120～300 袋/亩或 400～500 瓶/亩，
料干重为 50～200kg/亩；营养料袋的数量为 1600～1800 个/亩，料干
重为 500～800kg/亩。

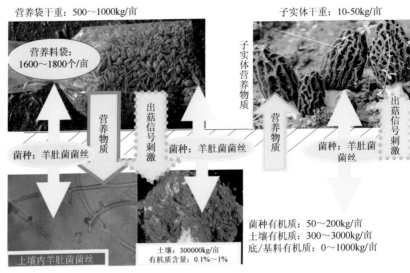

图 7-6　羊肚菌栽培过程中物料的数量估算

不同来源的物料贡献率大小为：

$Y_{羊肚菌}=f($土壤有机质＞培养料＞＞菌种培养料＞营养袋培养料$)$

其中，营养料袋中的营养物质对子实体重量的贡献率其实是很低的
（由于菌丝长满菌袋以后完全可以取走），其作用的机制是：空间营养诱
导作用、出菇信号刺激作用，指引菌丝体往土面生长、扭结、出菇。

羊肚菌栽培过程中的物料衡算，以碳元素为例：

$$C_{土}+C_{培养料}+C_{菌种料}+C_{菌袋料}=C_{羊肚菌}+C_{土剩}+C_{微生物呼吸}+C_{移走}$$

一、碳元素平衡分析

1. 碳投入

1 亩地，耕作层土壤厚度 20cm，一般情况下土壤有机质含量为
0.2%～2%，有机质中 C 元素含量平均按照 50%计算，土壤中 C 含量

为 0.1%～1%。因此：

$C_{土}$=300 吨×1000kg/吨×（0.1%～1%）=300～3000kg，数量最大；

$C_{培养料}$=（0～2）吨×1000kg/吨×50%=0～1000kg，土壤有机质含量较低时，最大；

$C_{菌种料}$=（180～260）袋或（400～500）瓶×0.2kg/瓶×50%=50～100kg，菌种量变化不大，数量稳定；

$C_{菌袋料}$=2000 袋×（0.1～0.2）kg/袋×50%=100～200kg，出菇前移走，对子实体中的 C 贡献不大，可忽略。

碳元素总质量：

$$\Sigma C = C_{土} + C_{培养料} + C_{菌种料} + C_{菌袋料} = 500～4000kg/亩$$

2. 碳产出

$C_{羊肚菌子实体}$=（10～50）kg/亩×50%=5～25kg 远远小于 $C_{土} \approx \Sigma C$

$C_{土剩}$：栽培羊肚菌以后土壤中的含碳量；

$C_{微生物呼吸}$：羊肚菌菌丝体、子实体生长过程及土壤微生物、土壤动物呼吸消耗的总碳量；

$C_{移走}$：出菇前移走的菌袋中的碳量。

重要性：土壤有机质含量＞＞培养料量＞接种量＞营养料袋量。

其他元素的利用规律与碳元素类似。

二、土壤肥力与产量的关系

　　羊肚菌子实体必须是菌丝体均匀地在土壤中生长才能形成，纯培养料长满菌丝体后再覆土无法形成子实体。自然条件下土壤质地以沙壤土为佳，在各种水稻土、各类紫色土、黄泥土、黄壤、棕壤沙土、石骨子土都有发生。有一个规律是：在一定范围内，有机质含量丰富的土壤产量更高，但地生土壤有机质含量过高的土壤产量却不一定很高，具体如图 7-7 所示。

三、投料量与产量的关系

　　在采用底料的栽培模式中，子实体产量随底料用量的增加而增加，当底料达到一定数量以后不再增加，当底料用量超过一定的量，

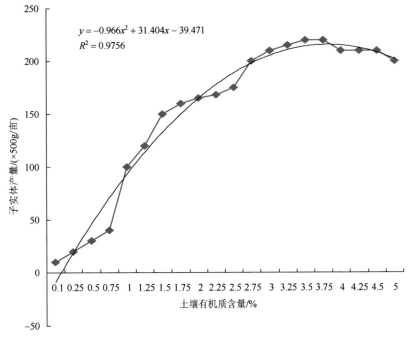

图 7-7 土壤有机质含量与羊肚菌子实体产量的关系趋势图

产量将急速下降，直到绝收，如图 7-8 所示。大量实验结果表明，底料干重最好不要超过 500kg/亩，超过 1000kg/亩以后将只有 10~20kg/亩。超过 2000kg/亩后基本无收成。所以栽培者使用底料一定要小心

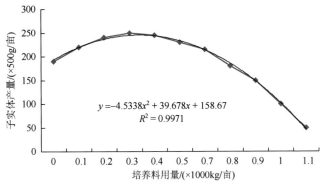

图 7-8 培养料用量与子实体产量的关系趋势图

估计自己的田块中土壤的自然肥力，不能够按照常规原理进行操作，这里没有下料越多产量越高的规律。

用纯料培养菌丝体完全不出菇，菌种瓶中也是永远不出菇，从 20 世纪 80 年代开始大量的羊肚菌实践者的经验已经完全证明了这个规律。

四、菌种用量对羊肚菌产量的影响

羊肚菌栽培过程中菌种用量与子实体产量的数量关系也是呈一个抛物线的规律，如图 7-9 所示。在一定的范围内可以增加菌种的用量超过一定数量后也有减产的风险。至少投资的效益是在不断减少，甚至出现负效益。

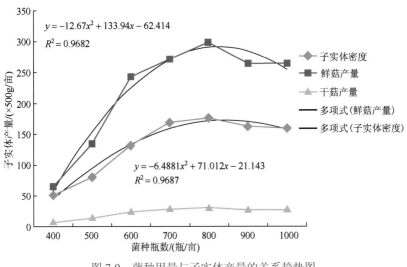

图 7-9　菌种用量与子实体产量的关系趋势图

第五节　土壤含水量效应

羊肚菌是纯土生菌，同时又是好气性菌物。菌丝体需要适当的土壤水分和空气才能正常生长，如图 7-10 所示。栽培过程中土壤含水量一般应该保持在 20%～25%，具体根据土壤质地来确定，沙质土含水量要求较低，黏质土含水量要求则高一些。值得一提的是，含水量不宜低于 18%，土壤太干会使菌丝体生长缓慢。同时，土壤含水量也不能超过 25%，太湿，土壤中缺乏空气，菌丝体无法生长、大量死亡，导致绝收和减产，如图 7-11 所示。一般不提倡大水漫灌、1～2d 浸泡的方式进行水分管理。大水漫灌除直接导致不出菇外，已经出菇的田块也会因为水分过多，子实体上大量发生镰刀菌病害导致减产或绝收。

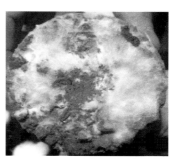

图 7-10　土壤内部长满的羊肚菌菌丝体

图 7-11　土壤含水量过高的实况

（下面 2 图为网友图片）

　　很多文献上明确写道：土壤含水量控制在60%～65%。这个定义可能是指土壤田间相对含水量，即是土壤田间最大持水量的百分比。而不应该是土壤的绝对含水量，大多数土壤的绝对含水量都不会超过40%。

　　这里所述的土壤含水量定义为：

$$土壤含水量=(湿土重-烘干土重)/湿土重×100\%$$

　　土壤含水量的简易测定方法：抓一把土，放在手心上搓成条状，土壤能够被搓成光滑的条状、不黏手、土条不断裂为最适的状态；土条黏手为过湿状态；土条断裂、开口为过干的状态，如图7-12、7-13所示。

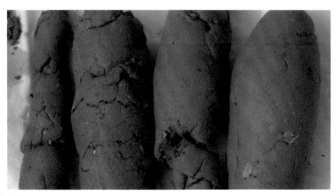

湿土含水量/%：11.2　　　　15.0　　　　　16.9　　　　18.6
干土含水量/%：12.7　　　　17.6　　　　　20.3　　　　22.9

图7-12　土壤物理状态与含水量的关系

图7-13　土粒干旱情况：土壤发白

土壤水分适宜程度的表观状况：土壤表面有少量绿色的苔藓植物出现，绿色程度约为全绿的 30%～40%；如果超过 50% 即为土壤湿度过大；畦面土粒发白即为土壤湿度过低。

第六节　地面覆盖物的负效应

很多专利、栽培技术资料、技术讲座、专业技术人员都提倡在羊肚菌畦面上播种一定数量的小麦、油菜、蔬菜或麦冬，或者覆盖稻草、麦草、树枝、杂草等。多年的生产实践证明，畦面覆盖物越多，羊肚菌产量越低，如图 7-14 所示。

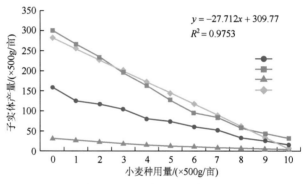

图 7-14　畦面覆盖物的数量与子实体产量的关系

畦面覆盖导致减产或绝收的原因在于：植物与羊肚菌争夺营养物质、水分和生存空间；植物密度越大，羊肚菌子实体生长空间的湿度越大，子实体容易倒伏和发生病虫害，导致减产甚至绝收。覆盖植物秸秆后，提供了一个保温保湿的物理料层，对羊肚菌菌丝体生长和子实体生长是有利的，但是这个空间层内湿度高、温度相对较高，特别容易滋生各种杂菌和害虫，导致减产。

在南方平原、丘陵地区，春季高湿度的情况下，容易发生虫害，土壤表层滋生各种跳虫。跳虫从羊肚菌菌柄基部的空洞口进入羊肚菌子实体内部，专门蛀食羊肚菌内壁的菌肉，采摘时才会发现子实体内部已经空了，完全没有商业价值。土壤表面高湿度的情况下还容易滋生蚯蚓、蜗牛、蚊蝇幼虫、线虫等，专门蛀食子实体表面，导致倒伏、畸形而减产。

为了保温、保湿、抑制杂草发生、防止雨水冲刷，可以用黑色或白色地膜覆盖畦面，或用小拱棚遮盖畦面。

第七节　重茬的负效应

在自然生态系统中，共生性的蕈菌，一般都会在原地多年出菇，因为有机营养主要来源是植物体。腐生性的蕈菌在同一个地点连续多年出菇的概率比较低，因为其子实体大量生长以后，会消耗掉该菌喜好的营养物质，分泌出或残留下对自己生长不利的物质，所以不会连年发生。

羊肚菌属于一类特殊的腐生性蕈菌，在同一块耕地上连续栽种，一般会减产或绝收。

实践证明，在羊肚菌收获以后再继续栽培水稻，土壤经过连续几个月的淹水状态，即厌氧处理以后，杀死了许多有害生物，重新积累营养物质，在水稻收获以后，又可以栽培羊肚菌。

一般的旱地连作栽培羊肚菌减产的风险很大。

在羊肚菌产量很高的蔬菜大棚内栽培，在羊肚菌收获以后，夏季可以不种植其他的植物，进行淹水处理，杀灭大多数有害的生物，如此一来，就可以继续栽培羊肚菌，这种模式可以减少搭建大棚的原料，特别是节省人工成本。

第八章　原始菌种分离技术

原始的羊肚菌菌种来源是采集栽培或野生子实体标本进行分离。很多羊肚菌爱好者、研究者都热衷于采集原始标本分离菌种，但是因为各式各样的原因，所得到的分离物根本不出菇，每年都有数千亩栽培面积发生，导致数千万元，甚至上亿元的经济损失。所以菌种分离者一定要小心，不是每一个分离物都是羊肚菌菌种，不是每一个纯羊肚菌菌种都可以出菇，也不是每一个出菇的菌种都能够高产。

与食药用菌菌种生产的技术原理一样，羊肚菌菌种繁殖的原理仍然是在一定的条件下可以进行无性无限繁殖。一支成功出菇的试管培养物可以无限无性繁殖。即：

1→30～50→1000～2500→100000→5000000→……

1 支母种→5～10 瓶原种。

1 瓶原种→50～100 瓶栽培种。

1 瓶栽培种→1～2m² 栽培面积。

规律：1 支菌种可以种遍全球！

结果：1 支可靠的菌种可以使全球栽培成功，1 支不可靠的菌种可以使全球的生产者的梦想破灭！

栽培者获得羊肚菌菌种的来源主要渠道有：

购买：价格太高，母种 1 支 1000 元，原种 1000 元/亩，栽培种 4000～5000 元/亩。

赠送：最低成本。

自己分离：成本最小，但自己分离的菌种非常不可靠，生产效益可能是 0～1，即要么出菇要么一个菇都不出。

食药用菌行业从业者有一个明显的心理障碍：谁也不愿意出高价购买已经试验成功的菌种。大家都愿意根据食用菌菌种是无性繁殖的原理，认为所有的分离物都可以繁殖出菇，在高产栽培者那里采集、购买子实体或在野外采集野生子实体，自己组织分离得到纯菌种。这种都去当科学家，去冒无限大的风险的做法也使得原始育种者无法得到任何利益保障。

近 10 年来很多羊肚菌爱好者都变成了羊肚菌科学家！结果可想而知：血本无归！

你怎么办？怎么决策？

所有羊肚菌的分离物：菌丝形态无差异，都形成菌核，在大田都会形成分生孢子，但是这些性状都与出菇、产量无直接的关系。

分离菌种的结果：产量 0～1；

高产田块的标本：产量 0～1；

低产田块的标本：产量 0～1；

野生标本：产量 0～1。

案例：原始标本上分离得到 100 支纯培养物，用 1 支转扩做出菇试验获得高产，全部转扩，用于生产，结果是近 1000 亩不出菇，损失近 1000 万元。这样的例子比比皆是。

菌种策略最正确的方法：分离菌种，每一支试管 1 个独立编号，分别转扩保藏，出菇试验，选择最好者，用于第 2 年或第 2 季的大田生产。

第一节　准　备　工　作

羊肚菌原始菌种的分离方法有纯组织分离、纯多孢分离、纯单孢分离、组孢混合分离、菌丝分离等。

一、设施设备与器材

设备：手提式高压锅 1 台，培养箱 1 台，超净工作台 1 台，烘箱 1 台，电磁炉 1 台，不锈钢锅 1 个，烧杯，铁架台，显微镜 1 台，1/100 或 1/1000 天平 1 台等。

器材：玻璃或塑料试管，大小 15mm×150mm 或 18mm×（180～200）mm，数量若干。培养皿：直径 900mm，数量若干。搪瓷量杯 3～5 个，1000mL、500mL。不锈钢酒精灯，打火机或火柴，接种锄，接种铲，手术刀架和刀片，单面刀片，乳胶塞，玻璃棒。

生产原料：棉花，纱布，琼脂粉或条，蔗糖，葡萄糖，酵母膏或粉，蛋白胨，麸皮，松针，玉米粉，黄豆粉，马铃薯，95%酒精，消毒剂等等。

二、培养基配方

羊肚菌的菌种分离、培养和保存，可以选择下列配方：

PDA/PSA 培养基：马铃薯 200g，葡萄糖或蔗糖 20g，琼脂 20g，水 1000mL（下同）。

PDA/PSA 加富培养基：马铃薯 200g，葡萄糖或蔗糖 20g，KH_2PO_4 1g，$MgSO_4 \cdot 7H_2O$ 0.5g，V_{B1} 50mg。

麸皮加富培养基：麸皮 30～50g，葡萄糖或蔗糖 20g，酵母粉 0.5g，蛋白胨 1g。

玉米粉加富培养基：玉米粉 5～10g，葡萄糖或蔗糖 20g，酵母粉 0.5g，蛋白胨 1g。

黄豆粉加富培养基：黄豆粉 5～10g，葡萄糖或蔗糖 20g，酵母粉 0.5g，蛋白胨 1g。

玉米粉黄豆粉麸皮加富培养基：细麸皮 10～20g，黄豆粉 2～3g，玉米粉 3～5g，葡萄糖或蔗糖 20g。

麦芽汁蛋白胨培养基：麦芽汁 6°Be 1000mL，$MgSO_4 \cdot 7H_2O$ 1.0g，蛋白胨 5g，淀粉 20g。

普通标准培养基：葡萄糖 10g，KH_2PO_4 0.5g，酵母膏 2g。

CYM 羊粪粉培养基：蔗糖或葡萄糖 10g，麦芽膏 10g，酵母膏 4g，羊粪粉 20g。

土汁培养基：马铃薯 100g，腐殖土 100g，葡萄糖或蔗糖 20g。

MA 培养基：麦芽浸膏 25g，蔗糖或葡萄糖 20g。

葡萄糖硝酸钠培养基：葡萄糖 30g，$NaNO_3$ 1.5g，$MgSO_4$ 0.5g，KH_2PO_4 1.0g，$FeSO_4$ 0.01g。

硝酸钾培养基：蔗糖 50g，KNO_3 10g，KH_2PO_4 5g，$MgSO_4$ 2.5g，$FeCl_2$ 0.002g。

　　松针加富培养基：干松针 5～10g 或新鲜松针 40～60g，葡萄糖或蔗糖 20g，酵母粉 0.5g，蛋白胨 1g。

　　以上的葡萄糖或蔗糖还可以用食用红糖代替，重量可以用到 25～30g。羊肚菌菌丝体容易培养，一般对培养基配方的选择性都不大。

三、培养基制备

　　配制方法：称取所用的各种天然原料，如马铃薯、玉米粉、松针、麸皮、麦芽等，在玻璃或金属容器内加 1200mL 水，煮沸 20min，用 4 层纱布进行过滤并洗涤，少量清水洗涤，挤压固体物后得到滤液 1000mL。在滤液中加入琼脂，加热直到全部琼脂融化，再将葡萄糖或蔗糖、麦芽糖、蛋白胨或酵母粉等加入溶解，然后分装到试管中。分装的高度可以是试管总长度的 1/7～1/6、1/5～1/4、1/3，试管口先用棉塞塞上。用橡皮筋打捆，每 10 支一捆，放入灭菌筐中，码放整齐，棉塞表面用报纸或牛皮纸盖严实。

　　高压锅内补足清水到规定的水位，将灭菌筐放入，盖上锅盖，拧紧螺栓，打开排气阀进行加热，加热到排气阀排出了大量水蒸气时关闭。继续加热，压力表从 0MPa 升到 0.05MPa 时，慢慢打开排气阀门排气，当压力表降到 0MPa 时关闭，再加热到 0.05MPa 再排气一次，压力再次降到 0MPa。继续加热，当压力表升到 0.1MPa 开始计时，压力表升到 0.14MPa 时停止加热，降到 0.01MPa 时继续加热，如此反复几次，维持灭菌时间为 20min，停止加热。自然冷却，当压力表指针降到 0MPa 时，打开排气阀门排出剩余水蒸气，打开锅盖，锅边缘留一条 2～3cm 的小缝隙，利用锅内余热烘干报纸和棉塞，维持 10～20min。把试管、培养基等物品从高压锅内取出，在木条上摆成长斜面培养基、短斜面培养基、柱状培养基，如图 8-1 所示；室温下放置 3～7d，使斜面上的冷凝水珠全部散尽后备用。

　　注意不要使用刚刚灭菌后摆成的斜面试管培养基，因为培养基表面有大量的冷凝水水珠，接种物如孢子、组织块、菌丝块很容易被淹没，菌丝容易死亡。特别是一旦接种物有细菌污染会导致全试管的污染，造成操作失败。

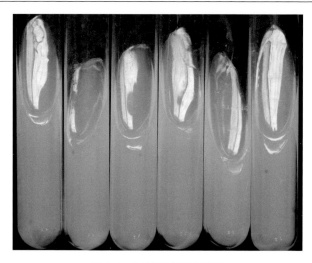

图 8-1 短斜面琼脂培养基

第二节　菌种分离技术

羊肚菌原始菌种分离自野生材料或栽培材料。一般用野生或栽培的新鲜子囊果(子实体),也可用干子实体来进行分离,干子实体作菌种分离材料的成活率及子实体产量均比新鲜子实体作分离菌种的材料成功率更高。栽培子实体达到商业化采收标准时一般还没有成熟,子囊和子囊孢子也都未完全成熟;孢子分离需要将子囊孢子培养到完全成熟的状态,子实体已经倾斜或快要倒伏,外观形态表现为子囊果表面有白色、灰白色的孢子粉出现时比较可靠。野生子实体成熟比较早,很小的子实体就已经形成了孢子,容易获得大量孢子粉。

种菇的选择:选择菇形正常,菌盖圆整,顶端较尖,尖顶凸起完整,菌柄圆正,菌柄短而结实,大小适中,无虫害、霉变或杂菌感染的子实体,鲜品或干品均可。

种菇的采集:菌柄基部最好带少量土壤一起采集,用吸水纸包裹2～3层,再用报纸包裹,低温下带回实验室。不要把菌柄基部剪掉,留下空心的子实体进行分离。

新鲜子实体采集后放在室内桌面或吸水纸上自然晾干,稍稍除去部分水分，若采集地点离实验室很远或工作时间较长，可以晾干到子实体含水量在15%以下。标本用吸水纸包裹，再用报纸包裹，带回实验室进行分离。

如图8-2，将未成熟的栽培子实体采集后，可以放在室内假植几天。方法是移栽在盆内湿土上，培养几天直到有孢子弹射为止，以便采集孢子。

图8-2　栽培子实体的室内假植

注意一般不要把标本放入塑料袋内运送，也绝对不能用烘干的办法处理需要分离的标本。

菌种分离一般不要采用传统教科书所叙述的方法，传统的方法都容易导致污染和不生长。为此本专著为大家特别介绍了下列的新方法。

常见的分离方法有：纯组织分离法，分别有菌盖组织、菌柄组织、菌盖菌柄结合部位组织；组孢混合分离法；膨大细胞分离法；纯多孢分离法；单孢分离法等等。其中，土内菌丝分离比较困难。

一、组织分离法

采野生或栽培的幼嫩子实体，用无菌吸水纸包裹，放于无菌纸袋内。0～4℃冰瓶保存。送到实验室，放在无菌培养皿内，在超净工作台上紫外线照射 20min。具体可以采用悬挂法、断斜面法。

组织块悬挂分离法：将羊肚菌子实体撕开或用刀片切成两片，刮去菌肉内壁的膨大细胞层。分别在菌柄内壁、菌盖内壁、菌柄与菌盖连接部位取子实体内壁的中央菌丝组织。组织块大小为 2～5mm，直接放在斜面培养基上方 2～5mm 高处，紧贴在无培养基的试管壁上，如图 8-3、图 8-4 所示。塞上棉塞，轻轻放在工作台上。在 22～25℃避光培养，2～3d 萌发出新菌丝，新菌丝长到培养基上 5～10mm 时，用烧红的接种铲烫死组织块及周围菌丝。继续培养 24h，取菌落边缘的尖端菌丝接于新的斜面培养基上，再培养，如此 2～3 次得到纯菌种。

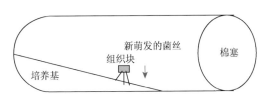

图 8-3　组织块悬挂分离法示意图

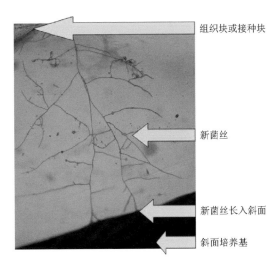

图 8-4　悬挂分离方法：组织块上长出的新菌丝

断斜面分离法：在斜面顶端 2～3cm 处用灭菌后的接种锄挖断，把斜面顶部的培养基往上拉动，留下 5～13mm 的无培养基的空白带，如图 8-5、图 8-6 所示。将铲取下来的菌肉组织块放在上面，培养几天后，菌肉组织萌发出新菌丝，新菌丝会穿过短斜面，长到下面的主培养基上。主培养基上有 5～6mm 长的菌丝后，用烧红的接种锄把原始接种的短斜面全部挖去，并灼烧试管壁，将原始菌丝和可能的杂菌污染烧掉。

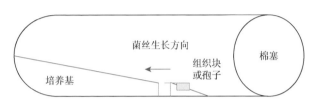

图 8-5　断斜面分离方法示意图

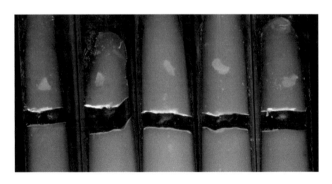

图 8-6　断斜面分离方法

膨大细胞分离法：用冷却后的接种刀片轻轻刮取少量菌肉内壁的膨大细胞，转接到断斜面的上部培养基上，培养 3～5d，长出新菌丝。

组孢混合分离方法：野生的风干子实体切取组织块时，很容易取到子实层的子囊孢子，放在断斜面的上方培养基上。菌肉组织菌丝和孢子萌发的菌丝混合生长，新菌丝穿过断面后，加入主培养基后，挖去接种物并灼烧，继续培养得到原始菌种。

图 8-7　试管培养物中的菌丝和菌核

菌丝分离法： 原始的方法可以从土壤中进行分离，但是此法非常费力，成功的概率很低。快捷的方法可以从原种或栽培种、营养料袋中直接分离，得到试管菌种，如图 8-7 所示。

羊肚菌子实体是一种疏松多孔的结构，类似于密度较大的海绵。野生和栽培的子实体都生长在开放的条件下，其结构内表面除羊肚菌菌丝外，还有许多微生物生长，包括细菌、放线菌、霉菌等寄生菌，一般情况下用肉眼无法判断。

羊肚菌菌肉很薄，一般为 3～5mm 厚，与子实层紧密连接，组织分离时很容易取到孢子，孢子极容易萌发，因此很容易得到菌肉组织长出的菌丝和孢子长出的菌丝，后者常常是很多孢子长成的菌丝群体，这是一个在遗传学上混杂的培养物，能够出菇的菌株会表现出形态和产量等方面的多样性。

组织分离菌种的注意事项如下：

一般不要选择菌盖歪斜、顶部不尖或有明显病害的子实体。不要选择很老的子实体做组织分离，由于子实层已经发育成熟，很容易在取组织的同时取到孢子，成为混合菌种。而幼嫩的子实体不容易污染，组织分离容易成功。

因为羊肚菌菌丝体生长速度很快，采用悬挂法、断斜面法，羊肚菌菌丝很容易穿过没有培养基的试管壁，长到没有污染的主培养基上。即使原始接种块上有细菌或霉菌污染，其生长速度也不及羊肚菌，不容易跨过断面，羊肚菌新菌丝长入主培养基后，可以立即灼烧接种块，解决了分离容易污染的问题。

分离菌种一定不要用酒精、升汞、来苏尔、煤酚皂、甲醛、二氯异氰尿酸钠等消毒剂对子实体表面进行消毒，因为这些消毒剂容易浸入了实体内部，杀死菌丝，导致所有分离物都不成活；也不需要用无菌水多次清洗，水容易渗透入菌肉组织，把表面的杂菌带入接种块导致污染。组织分离时可以把子实体表面快速在酒精灯火焰上通过2～3次，适当灼烧一下表面。孢子分离不需要这样操作。

切取组织块时，尽量不要穿过菌肉，因为没有表面消毒，容易导致全部污染。

菌种分离时接种块最好不要直接放在培养基上。因为组织块、孢子都没有经过消毒处理，上面很容易带有细菌细胞或霉菌孢子，这些杂菌极容易把羊肚菌的菌丝盖住，导致分离失败。一般采用悬挂分离方法比较好。

悬挂分离或转接菌种时，要细心地把接种物稳稳地贴在试管壁上，移动时要轻拿轻放，以免接种物掉落接触到培养基上导致污染。

二、孢子分离法

羊肚菌菌种孢子分离方法包括多孢分离法和单孢分离法。

标本采集：一定要采集成熟的有大量子囊孢子的子实体。野生羊肚菌子实体很容易成熟，一般稍大一点的都能够成功获得孢子。栽培的子实体在采收标准大小状态都没有成熟的孢子时，必须等其继续生长到子实体表面有少量白色粉末状物出现，子实体明显老化或倾斜时才有成熟的子囊和子囊孢子。

孢子弹射方法：采集成熟的野生或栽培羊肚菌子实体，剪掉菌柄基部，用吸水纸包裹，立即保存于冰袋保温箱内，带回实验室。对剖开子实体，用玻璃棒架在干燥的培养皿上方，使其将孢子大量地弹射在培养皿中。

或将小片子实体倒挂在无菌三角瓶中，距离瓶底 2～3cm，塞上棉塞或用薄膜封口。在40W灯光下，16～18℃室温放置24h。孢子射落在三角瓶底部上，取出子实体。

孢子弹射的培养皿中一定不能有水珠，因为孢子见水就会萌发，有水的孢子粉就无法长期保存。获得的干燥孢子粉可以存放8～12个月，以后可以慢慢使用。

多孢分离法：用接种环、接种针或接种铲等工具，蘸取少量孢子，直接接种在断斜面上部的培养基上，培养24h内菌丝萌发，1～2d内，新菌丝跨过断面，长入主培养基上，挖去上部培养基并灼烧，继续培养直到菌丝体长满斜面，即可得到原始的多孢菌种。

单孢分离法：可以采用稀释平板法、断面培养法、划线法等分离单孢菌株。

培养基：水琼脂培养基。配方：琼脂 20g 或琼脂粉 18g，水 1000mL。定量称取将琼脂，剪断，放入三角瓶中，定量加水，用聚丙烯膜和橡皮筋封口。灭菌后倒入无菌的培养皿中，培养基厚度为 1mm 左右，不要太厚，否则会影响显微镜的直接观察。将有培养基的培养皿倒放 3～5d，使培养基上的冷凝水珠全部蒸发，直到观察到无明显的明水后才能使用。

首先收集孢子，用无菌水连续稀释，用显微镜检查孢子浓度，直到孢子的浓度稀释为 5～10 个/mL。

稀释平板法：用无菌吸管取 1mL 孢子稀释液，滴注在培养基上，轻轻摇动，使孢子液均匀分布在培养基表面，静置 3～5min，倒掉多余的明水。培养 10h，观察孢子萌发情况，培养 2d 后肉眼可以看到小菌落，在显微镜下直接观察萌发的小菌落是否为单个孢子萌发的菌丝，确定是单孢萌发物以后，尽快用尖细的接种刀铲取菌丝转接到斜面培养基上培养。可以同时用没有稀释的孢子液接种 2～3 个培养皿做对照，观察孢子的萌发情况。

划线法：直接用接种环蘸取少量孢子，在培养皿上分区划线。孢子萌发后，在划线的最末端区域用显微镜观察，确定单孢菌落并标记。用尖细的接种刀铲取菌丝转接到斜面培养基上培养。

断面培养法：将培养皿中央留一长条形、圆形或方形的培养基，把四周的培养基挖去 1cm 宽，成为断面培养皿。用无菌吸管直接吸取孢子液，均匀地放在预留的培养基中央块上，划线或摇匀，用显微镜直接观察，找到单个孢子分布的确切位置，再把中央块上多余的培养基挖掉。培养到孢子萌发后菌丝可以穿过断面，长到周围的培养基上，即可以得到纯羊肚菌菌丝，如图 8-8 所示。

单孢分离注意事项：孢子萌发的时间一般为 4～5h，此时应该立即用显微镜观察，只有在这时用显微镜观察才能确定是否是单个孢子

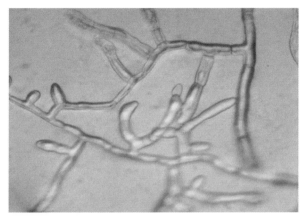

图 8-8　单孢分离的菌丝

萌发的菌丝。菌丝长到 2mm 长以上，几个孢子黏附在一起萌发的菌丝也会成为单个菌落，由于孢子之间相互的重叠，就无法区分是单孢还是多孢菌株了。单孢萌发的羊肚菌菌丝很粗，一般直径有 15～20μm，在显微镜下很容易和杂菌菌丝区分开。

菌种分离者在分离羊肚菌菌种时，常常得到形态、颜色各异的培养物，实际上就是菌种不纯的表现。对于无设备、无经验、技术不熟练的羊肚菌爱好者、制种技术人员、食药用菌专家，分离菌种要非常小心。所得到的菌种必须经过严格的显微镜观察、培养检验、出菇试验以后才能用于大规模的生产，否则可能会造成无法挽回的经济损失。

三、菌种的纯化

分离得到的菌种常常有污染，或可能存在不纯的风险，因此需要进一步纯化。可以将原始分离物转接到新试管培养基上培养，再转接斜面尖端菌丝 2～3 次即可得到理想的菌种。具体方法可以采用断斜面法、悬挂接种法。

断斜面法：铲取小块原始分离物的菌丝接种在断斜面上方，培养 1-2d 后新菌丝穿过断面，单根或少量菌丝长到主培养基上后，用烧红的接种锄挖掉断斜面，继续培养、转接 2～3 次得到纯化的羊肚菌原始菌种。

　　悬挂法：如图 8-9 所示，铲取小块原始分离物的菌丝，贴在斜面上方 3～5mm 处，培养 1～2d 后新菌丝穿过断面，单根或少量菌丝长到培养基上后，用烧红的接种锄挖掉断斜面，继续培养、转接 2～3 次得到纯化的羊肚菌原始菌种，如图 8-10 所示。

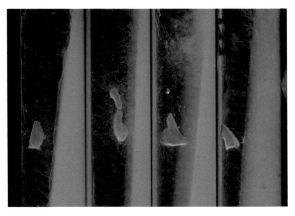

图 8-9　接种块悬挂纯化法

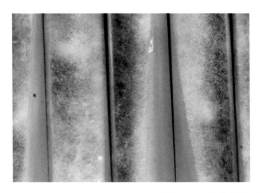

图 8-10　纯化的菌种

左：未形成菌核；右：已经形成菌核

　　分离物的编号：对分离和纯化的每一支试管都单独编号，转扩以后生产原种，继续出菇试验和比较试验，选取最佳者作为生产用的原始菌种。

每分离一批菌种，不能够只选取一支试管继续进行出菇试验，然后就把所有的分离物转扩用于生产。如果恰好遇到试验的试管能够出菇，未试验的试管不出菇，将会出现极糟的结果。据悉，已经有人因出现这样的结果，导致数百、上千亩不出菇，损失高达上千万元。

四、分离物的检测

分离到的羊肚菌菌种一般要进行显微镜检测鉴定。

把试管斜面培养物或培养皿上的培养物直接放在显微镜载物台上，斜面垂直于载物台，斜面的边线放在镜头下直接观察，先用 4× 物镜找到菌丝，再用 10× 物镜观察。羊肚菌菌丝很粗，肉眼在较强的光照下都可以观察清楚。在显微镜下羊肚菌菌丝有 15～20μm，初级分枝与主干菌丝呈直角，杂菌菌丝一般只有 1～5μm，因此很容易区分，如图 8-11～图 8-13 所示。初级分枝呈直角状态，同一平面上的相邻菌丝相互融合。正常的菌丝尖端是直接辐射状、直线状向外伸展。如果观察到尖端菌丝呈卷曲状、波浪状、内卷状生长，如图 8-14 所示，一般都不正常，这样的分离物必须淘汰掉。如果有细菌污染，会看到大量均匀的细微颗粒物，如果有少量水珠，水珠中的细菌快速运动，表明已经被细菌污染。采用悬挂法组织分离或转接菌种时，最好把每一支试管都在显微镜下检测一下。

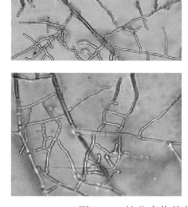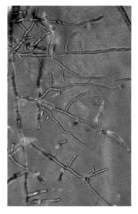

图 8-11　纯分离物的菌丝生长情况

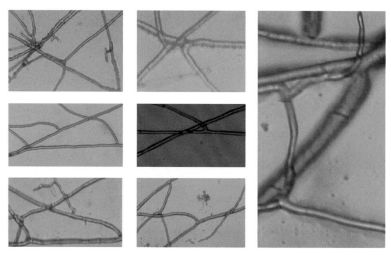

图 8-12 同一平面上的相邻菌丝相互交叉、接触而不融合现象

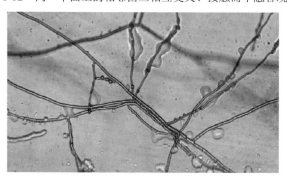

图 8-13 菌丝聚集

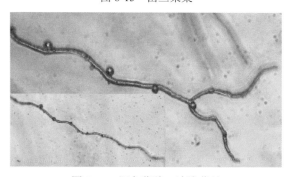

图 8-14 混杂菌种：波浪菌丝

五、分离过程中的杂菌

羊肚菌菌种分离过程中得到的杂菌包括多种真菌和细菌，如：

黑根霉 *Rhizopus stolonifer* (**Ehrenb.**) **Vuill.**，*Revue mycol.*，*Toulouse* **24**：54(1902)；

高大毛霉 *Mucor mucedo* **Fresen.**，*Beitr. Mykol.* **1**：7(1850)；

总状毛霉 *Mucor racemosus* **Fresen.**，*Beitr. Mykol.* **1**：12(1850)；

链孢霉 *Neurospora crassa* **Shear & B.O. Dodge**，*J. Agric. Res.*，Washington **34**：1062(1927)；

黑曲霉 *Aspergillus niger* **Tiegh.**，*Annls Sci. Nat.*，*Bot.*，*sér.* **58**：240(1867)；

青霉 *Penicillium* spp.

腐皮镰刀菌 *Fusarium solani* (**Mart.**) **Sacc.**，*Michelia* **2**(no. 7)：296(1881)；

微裹弯孢壳 *Eutypa microasca* **E. Grassi & C. Carmarán**，in Grassi，Pildain，Levin & Carmaran，*Sydowia* **66**(1)：112(2013)；

小麦赤霉病菌 *Gibberella zeae* (**Schwein.**) **Petch**，*Annls mycol.* **34**(3)：260(1936)；

毛壳菌 *Chaetomium* sp.；

炭角菌 *Xylaria* sp.；

虫草棒束孢 *Isaria farinosa* (**Holmsk.**) **Fr.**，*Syst. mycol.* (Lundae) **3**(2)：271(1832)；

烟色织孢霉 *Plectosphaerella cucumerina* (**Lindf.**) **W. Gams**，in Domsch & Gams，*Fungi in Agricultural Soils*：160(1972)；

高山被毛孢 *Mortierella alpina* **Peyronel**，*I germi astmosferici dei fungi con micelio*，*Diss.* (Padova)：17(1913)；

粉红粘帚霉 *Clonostachys rosea* (**Link**) **Schroers**，Samuels，Seifert & W. Gams，*Mycologia* **91**(2)：369(1999)；

球毛壳菌 *Chaetomium globosum* **Kunze**，in Kunze & Schmidt，*Mykologische Hefte* (Leipzig) **1**：16(1817)；

链格孢霉 *Alternaria* sp.；

黑附球菌 **Epicoccum nigrum Link**，*Mag. Gesell. naturf. Freunde*，*Berlin* **7**：32（1816）[1815]；

粉盘虫草菌 **Lecanicillium fungicola**（**Preuss**）**Zare & W. Gams**，*Mycol. Res.* **112**（7）：818（2008）等。

还有多种细菌，包括各种球菌、杆菌。

杂菌中各种真菌的菌丝直径一般为 1～5μm，只有羊肚菌菌丝直径的 1/2～1/3，在显微镜下很容易区别。培养基中由于很容易形成孢子，常常有多种不同于羊肚菌菌丝体的颜色，因此也很容易区别。

在分离或转扩试管培养物的过程中，容易感染各种细菌，形成一些白色、乳白色的菌落，很容易识别。难识别的是一些隐性的细菌污染，其菌落非常不明显，菌体附着在羊肚菌的菌丝上生长，必须要由使用显微镜有经验的研究者才能识别出来。

第三节　菌种保藏方法

一、枝条保种法

取 1cm 长，直径 0.5～0.8cm 的阔叶树的细枝节，在 5%蔗糖液中煮沸 30min，滤出树枝节。取滤液拌米糠和木屑，比例为 2∶1∶1，加入 1%碳酸钙，将滤出的树枝节与之拌匀。装入 15mm×150mm 或 18mm×180mm 的试管中，每管装 2～3 节，周围添加细料，装料高度达到试管高度的 1/2 左右，清洗试管壁和管口，塞棉塞或乳胶塞。高压灭菌，接种培养。菌丝 7～10d 满管后，即可放入干燥或-4℃低温下保存 1～2 年。

二、长斜面培养基保存法

试管培养基制作如常规方法。将琼脂试管做成均匀的长斜面，先使用棉塞封口，斜面长 5～10cm，接入菌丝，菌丝体长满斜面后在无菌环境中换成灭菌后用 75%酒精清洗过的乳胶塞。装入密封的塑料袋内，放入冰箱中可以保存 2～3 个月，用此方法到保存时间后必须转接保存。

三、短斜面培养基保存法

将琼脂试管做成柱状的短斜面，斜面长 1~2cm，接入菌丝，菌丝体长满斜面后在无菌环境中换成灭菌后用 75%酒精清洗过的乳胶塞，放入冰箱中可以保存 8~12 个月，如此转接可保存多年。

四、柱状培养基保存法

如图 8-15 所示，将琼脂试管做成柱状，无斜面，接入菌丝，菌丝体长满面后在无菌环境中换成灭菌后用 75%酒精清洗过的乳胶塞，放入冰箱中的冷藏室可以保存 12~24 个月，如此转接可保存多年。

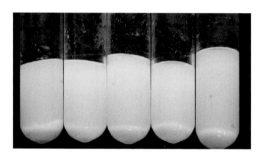

图 8-15　柱状培养基保藏菌种

第九章　规模化生产菌种技术

第一节　母种生产技术

羊肚菌原始母种通过分离和购买等方式获得，数量较少。再通过 1～2 次试管转接，每支试管母种可以转接 30～50 支，这样可以获得足够数量的试管母种用于原种的生产。一般每亩栽培面积需要试管母种 1～2 支，由此数量计划试管母种的生产数量。

一、母种培养基

准备：18mm×180mm 或 20mm×200mm 试管，琼脂条，蔗糖或葡萄糖，棉花，麸皮，速溶玉米粉或黄豆粉。

器材：手提式高压锅，超净工作台，酒精灯，培养箱，冰箱等。

配方和配置方法见第八章第一节。一般都做成 2/3 试管长度的长斜面培养基。用棉塞塞住试管，先不需要使用乳胶塞，自然温度下摆放 2～3d，让试管内的冷凝水全部蒸发、检验无污染后才进行转接。

二、试管的转接与培养

一般在超净工作台内点燃酒精灯进行试管转接。先将原始母种试管口用酒精灯火焰灼烧 1～2 次，冷却，挖取斜面前端 1cm 左右的老菌丝后开始转接。用接种锄和接种铲将菌种块切成大小为 (4～7)mm×(4～7)mm 的小块，太大的可以切小，用接种铲铲取 2～3mm 厚的菌丝块，放在新试管斜面的中央部位，菌丝体朝上。接种时不要只取气生菌丝，一定要将菌丝与培养基一起转接到新试管中。将试管口灼烧 1～2 次，趁热塞上棉塞。一支原始或活化后的试管种可以转扩 50～60 支新试管菌种。

转接好的试管放入培养箱内培养，培养箱温度控制在 22～24℃，避光。2～3h 后即可见到新的菌丝体长出来。培养 3～4d 直到培养基表面布满菌丝体，继续培养 2～3d，此时大量气生菌丝形成，能够形成菌核的菌株在斜面表面或气生菌丝顶端开始形成大量菌核，即可用于原种的生产，如图 9-1、图 9-2 所示。

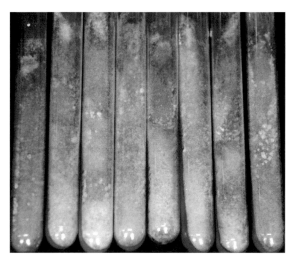

图 9-1 羊肚菌试管菌种

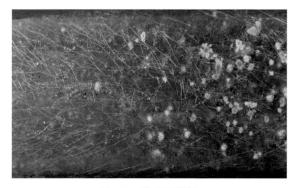

图 9-2 菌丝和菌核

三、母种质量检测

羊肚菌母种菌丝体浓密程度均匀一致，气生菌丝较为旺盛，仔细观察试管壁可以见到很粗的单根菌丝及其分枝，菌丝体呈黄褐色、淡黄色；能够形成菌核的菌株有适量的菌核出现，如图 9-2 所示。

显微镜下的气生菌丝较为丰满，边缘菌丝向外辐射状或放射状排列，不内卷，如图 9-3～图 9-6 所示；肉眼看不见菌核的菌株，在显微镜下可以观察到其大量细小的菌核存在。

如图 9-7 所示，老化的母种容易观察到菌丝体或培养基变成黑褐色、灰褐色，显微镜可观察到老化的菌种出现大量干瘪的气生菌丝，气生菌丝尖端内卷。

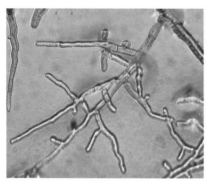

图 9-3　羊肚菌菌种正常的菌丝

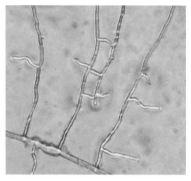

图 9-4　菌丝间的融合现象

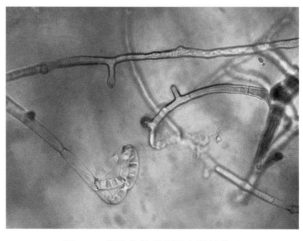

图 9-5　羊肚菌菌丝顶端内卷的状况

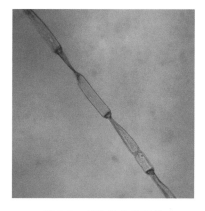
图 9-6 老化的单根菌丝

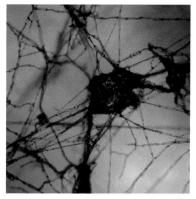
图 9-7 气生菌丝上形成的菌核

第二节 原种生产技术

由试管菌种转扩到菌种瓶中的菌种即为原种，也称二级菌种。1 支长试管斜面母种可以生产 10～15 瓶原种。羊肚菌原种可在当年的 9～10 月份生产，原种在 20～30d 满瓶后，立即生产栽培种，在 10～11 月底必须满瓶。以保证栽培后发菌 1 个月，在 4 月前的最佳出菇期出菇。

一、原种培养料配方

(1) 小麦 95%，稻壳 3%，石膏 1%，碳酸钙 1%。

(2) 小麦 95%，木屑 3%，石膏 1%，碳酸钙 1%。

(3) 小麦 50%，木屑 40%，麸皮 17%，磷肥、石膏、碳酸钙各 1%。

(4) 小麦 39%，平菇、金针菇出菇干废料 38%，米糠 20%，石膏、碳酸钙各 1%。

(5) 小麦 60%，米糠 19%，细木屑 19%，石膏、碳酸钙各 1%。

(6) 谷粒 80%，杂木屑 5%，米糠 10%，磷肥、石膏各 1.5%，碳酸钙 2%。

(7) 小麦 26%，杂木屑 26%，谷壳 26%，米糠 20%，磷肥 1%，石膏 1%。

原料准备：每瓶计划小麦 150g，木屑 50g，稻壳 25g，石膏、碳酸钙 3g。

麦粒含水量 40%左右，辅料含水量 65%。

二、原种数量与容器

羊肚菌每栽培一亩大田需要栽培种 400～500 瓶或 120～250 袋，需要原种的数量为 5～8 瓶。一瓶 750mL 的原种可以转接 50～100 瓶或袋栽培种。原种生产数量根据栽培面积进行计算，在这一基础上适当增加 10%～20%的数量可保证栽种者不受污染或其他原因导致的损失的影响。

原种生产一般采用 750mL 的玻璃瓶或聚丙烯菌种瓶，用报纸+聚丙烯膜+橡皮筋封口。

三、原料预处理

小麦、谷粒用清水或 1%～2%的石灰水浸泡 12～16h，过滤，冲洗 2～3 次，沥干明水；或煮沸 15～20min，麦粒煮到涨而不破的状态，立即用清水冲洗冷却，沥干明水，备用。

稻壳用清水或 1%～2%的石灰水浸泡 24h，沥干明水备用。将干木屑和碳酸钙、石膏、磷肥等干原料拌合均匀，再加入沥干明水的稻壳，充分拌合均匀，检查水分是否能够得到 65%。一般水分含量不足，可以适当加水调节。拌合均匀后，堆成锥形，避免用铁铲拍压紧，在堆的四周打 3～5 个通气孔，用塑料薄膜遮盖，发酵 24～48h。

四、拌料装瓶

将发酵后的辅料与浸泡或煮涨后的麦粒混合均匀，即可装瓶。

拌料用水可以是清水，也可以用土壤浸出汁、松针水、木材、平菇子实体等天然原料的提取液，每 100kg 清水中可以用 10～20kg 原料，原料煮沸 20min 提取，过滤后取滤液用于拌料。

也可以适当添加复合微量元素，如 0.05%硫酸镁、0.05%硫酸锌、

0.01%磷酸二氢钾、0.01%磷酸氢二钾、0.001%硫酸亚铁，这样操作菌丝易成活，污染率低，也易形成菌核和子实体。

检测：去掉麦粒，用手抓原料，用力捏压，手指尖间或手指缝隙内有水渗出，没有水滴流出即可。若有明水或水滴、水流出现，表明水分过量，必须晾晒几个小时，待水分含量适宜时再进行装瓶作业。

装瓶的松紧程度要求：装瓶过程中适当蹲瓶即可，不宜太松，也不要挤压太紧。培养料装到菌种瓶的肩部即可，勿齐颈部。

装好瓶后将菌种瓶表面用清水清洗或用干净的布擦洗干净，然后进行封口，先盖上双层的废旧报纸，再盖双层的聚丙烯或聚乙烯薄膜，最后用橡皮筋扎口，如图9-8所示。

图9-8　玻璃瓶装原种的封口

装好瓶后将菌种瓶装在周转筐内，等待灭菌。

五、原种灭菌与接种

原种生产一般采用高压灭菌锅进行灭菌。高压灭菌锅的大小根据生产需求而定。生产原种的总数在1000瓶以下的，可以购买容积较小的高压锅，体积为80~150L，每锅装40~100瓶，一周内可以完成生产任务。生产原种的总数在10000瓶以下的，可以购买容积较小的高压锅，体积为500~800L，每锅装400~1000瓶，一周内可以完成生产任务。生产数量更大的可以购买容积量在 1000 瓶以上的高压锅，既可以用于生产原种，也可以生产栽培种。

具体操作方法如下：先往高压锅内加适量的清水，使清水达到高压锅灭菌规定的水位线。随后将装满菌种瓶的周转筐装入灭菌锅中，关闭高压锅锅盖，拧紧螺栓或阀门。打开排气阀门，开始加热，待排气阀门喷出明显的水蒸气后关闭阀门，继续加热。到压力表达到 0.05MPa 时，慢慢打开排气阀门进行排气，当压力表降到 0MPa 时关闭；继续加热，当压力表再次达到 0.05MPa 时，再次排气到 0MPa，高压锅体积大的可以再多排一次空气。之后，继续加热，压力表达到 0.10MPa 时开始计时，温度为 121.6℃，通过控制电源或火力，使压力维持在 0.10～0.15MPa，保压 1～2h。灭菌完成后关闭电源或火源。

自然冷却降温，当压力表压力降到 0 时，打开高压锅，使锅盖与锅体间留一条缝隙，继续冷却 10～20min。冷却完成后，再将菌种瓶从高压锅内取出，直接放入接种室冷却到常温。所有待接种的菌种瓶装入接种室后，用气雾消毒剂熏蒸杀菌 1 次，然后开始无菌接种。

一般接种选择在超净工作台上进行，点燃酒精灯，打开封口纸和封口膜，把菌种瓶口控制在酒精灯火焰的高热量范围内进行接种。先把接种锄的柄在火焰上通过 2～3 次，再把头部在火焰上烧红 2～3 次，插入待接种的菌种瓶中冷却，冷却彻底后挖取母种试管内 1～1.5cm 长的菌丝体，放入待接种的菌种瓶中，再挖取少量培养料盖住接种块。重新封口，套上橡皮筋。

六、原种的培养与质量检测

培养室首先进行一次彻底的清理，再用专用消毒剂消毒 2～3 次，杀虫剂处理 1～2 次，通风 2～4h。将接种后的菌种瓶转移到培养室的培养架上，避光，使湿度低于 70%，并保持温度在 20～24℃范围内。4h 内可观察到菌丝萌发。如图 9-9、图 9-10 所示，培养几天后可以见到菌种瓶口有少量菌核形成，完全培养好以后，菌种瓶上部会有大量菌核出现。

图 9-9 接种 7 天的原种　　　　图 9-10 形成菌核的原种

　　选取各层架固定位置大约 2%～3% 的菌种瓶进行定位观察，每天在菌丝体生长尖端用记号笔画线，观察测定菌丝体生长情况。菌种培养前一周不需要通风，之后每天观察过程中则需适当通风 1～2 次，每次 20～30min。

　　防止原种污染的主要方法是在通气瓶盖上定期喷洒菌种专用杀菌剂。预防害虫的方法是在培养室内悬挂一定数量黏虫的黄板。

　　菌种培养过程中如果地面潮湿，可以在地面和墙面适当喷撒少量干石灰粉，以防杂菌滋生。每天检查，如果发现污染瓶，立即重新灭菌接种培养。

　　羊肚菌菌丝体在菌种瓶内前端生长非常整齐，接种后菌种瓶口菌丝体较为稀疏，在瓶口 2～3cm 以下，菌丝体则非常浓密。前期萌发生长的菌丝体为浅白色，然后慢慢转变为黄色、黄褐色、褐色。一般先期菌丝体在 10～15d 就能够长满菌种瓶，并且，能够形成菌核的菌种会在接种后第 10d 开始形成菌核。20～25d 菌丝体浓密变粗，颜色变深，满瓶后适当培养 3～5d，菌丝体密集、形成菌核后即可使用，如图 9-11～图 9-13 所示。如图 9-14 所示，有少

图 9-11 玻璃菌种瓶装的原种

量霉菌污染的菌种瓶，立即清理出去，重新进行灭菌和接种。

图 9-12　原种的培养

图 9-13　满瓶的原种

原种质量要求：羊肚菌原种菌丝浓密程度、颜色等上下均匀一致，打开瓶后味香浓无异味；外观和开瓶检查无霉点，无虫害；封口的报纸上无霉变，如图 9-13 所示。

图 9-14　污染毛霉的菌种与污染瓶灭菌后再接种的生长情况

七、原种的保藏与使用

原种菌丝体完全满瓶后应该立即使用。若不能及时使用，可转移到温度为 1～6℃ 的低温冷库中保藏 1～2 个月，冷库中的空气相对湿度应该低于 60%，可以使用干石灰粉降低湿度。

第三节　栽培种生产技术

将原种转接到更大的容器中培养得到的菌种即为栽培种。羊肚菌栽培种的需求数量较大，具体为：400～500mL 罐头瓶 400～500 瓶/亩，750mL 菌种瓶(玻璃瓶、聚丙烯菌种瓶)350～400 瓶/亩，800～1200mL 聚丙烯菌种瓶 250～300/亩瓶，(17～20)cm×(35～45)cm 的菌袋种 120～150 袋/亩，(13～15)cm×(25～35)cm 的小菌袋 200～260 袋/亩。还可以用栽培蛹虫草的透明栽培大盒做容器，此种容器自带通气孔，其大小为(30～40)cm×(30～40)cm×(10～12)cm，可以装 6～10kg 的湿料，相当于 15～20 瓶或 10～12 袋装菌种，能够大大减少操作工作量，用种量为 30～40 盒/亩。

羊肚菌栽培种的培养料以小麦为主料，可适当添加木屑、稻壳、草粉、玉米芯粉、食药用菌废料等，有的需要添加大量泥土，有的则完全不加泥土。适量添加石膏和碳酸钙或石灰十分必要，但是不需要添加任何其他的营养元素和微量元素，如镁、磷、钾、铁、锌、维生素、生长素、氨基酸等，这些成分在天然原料中都大量存在。有的纯菌种推广机构添加一些不溶解于任何强酸强碱溶剂的、肉眼可见的、火烧不化的闪光状物质，号称是专利秘方，实际上是不起任何作用的、骗人的东西。培养料可以是分层装料，也可以是不分层的混合料。实际生产中需要掌握一定的比例进行配方。

羊肚菌栽培种的生产必须按照计划进行，数量一般为生产需求的120%～125%。

一、准备工作

菌种瓶、菌种袋：其数量根据栽培面积进行计划。目前菌种厂采用的容器有：玻璃罐头瓶；聚丙烯菌种瓶要求自带通气盖；聚丙烯菌种袋加通气盖为一套，包括套环、透气膜、盖等。目前，还没有出现采用大盒的菌种厂。

原辅材料数量：小麦用量30～70kg/亩，细木屑30～50kg/亩，玉米芯粉20～30kg/亩或稻壳20～25kg/亩或食用菌出菇废料20～30kg/亩，石膏、碳酸钙、磷肥等2～3kg/亩。

设备：大型高压灭菌锅，常压灭菌锅，蒸汽锅炉，超净工作台，空调，工业制冷机。

高压锅的选择：尽量选择节能环保的设备，现在用的节能型高压锅灭菌燃料成本低于0.02元/瓶，操作方便，如图9-15所示。

图9-15 高压灭菌锅操作现场

　　常压灭菌锅：设计示意图如图 9-16，实际如图 9-17～图 9-19 所示。

　　锅体：用 10mm 厚的普通钢板或 5mm 厚的不锈钢板焊接而成，大小(1～3)m×(1～3)m×(0.6～0.8)m。锅口与地平线一致，锅口上直接放灭菌锅的钢架。

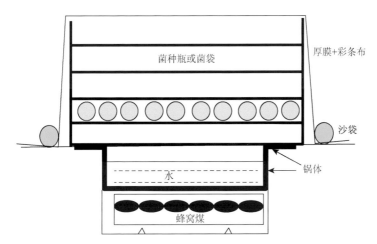

图 9-16　常压灭菌锅的设计

图 9-17　蒸汽加热式常压灭菌锅

图 9-18　直接加热的常压灭菌锅顶部

图 9-19　直接加热的常压灭菌锅加热灶

加热器：蜂窝煤炉架，单个或 2 个，大小 $(1\sim1.5)\,\mathrm{m}\times(1\sim1.2)\,\mathrm{m}\times(0.6\sim0.8)\,\mathrm{m}$，可以放 $400\sim600$ 个蜂窝煤。用角钢焊接而成，金属轮子，地面固定两根轨道，便于炉架的进出移动。

灭菌钢架：用角钢焊接而成，高 $2\sim2.5\mathrm{m}$，宽 $1\sim1.5\mathrm{m}$，层间距 $50\sim60\mathrm{cm}$。可做成可移动式、固定式需准备 $6\sim8$ 个灭菌钢架。

遮盖：用两层厚薄膜进行覆盖，再加一层彩条布或用一层厚帆布将灭菌钢架遮盖严密。用绳子网格式固定，四周用大沙袋压严实。

设施：冷却室，无菌接种室，培养室，浸泡水泥池（如图 9-20 所示）。

图 9-20　培养架

工具：培养架，运输车辆，叉车，微型装载机，周转塑料框，灭菌框，水管系统，电力系统，照明系统。

操作场地：几百到几千平方米，要求地面做硬化处理，水泥地坪的厚度要在 8cm 以上，可以经得起普通车辆和微型装载机的碾压。水泥地面要求平整或微微有坡度，不要有阶梯。棚架采用钢架结构，全部联通成为一个整体，不要有分隔，顶棚采用彩钢结构，全部遮盖，防止雨水的淋湿。场地四周有排水良好的排水沟。

场地规划：堆料、预处理、拌料装料、灭菌、冷却、接种、培养等场地规划为线状、环状，便于流水作业，相互之间不挤占、不交叉，以免造成污染物相互传染，引起大面积的菌种污染。

二、玻璃瓶分层菌种的制作

罐头玻璃瓶分层菌种是大多数传统羊肚菌菌种场采用的方法，目前四川的栽培基地大量使用。优点是：玻璃瓶透明，容易检查菌种质量，肉眼从外观上就可以观察到菌种质量的好坏；瓶口大，通气良好，容易发生菌核；口大方便手工装料，易于接种操作；容器硬度大，不容易变形，灭菌过程中也不容易被挤压变形。缺点是：玻璃容器容易破碎，碎块易伤人；自身质量大，增加运输难度和成本；瓶口大容易污染；菌种瓶回收难度大，旧瓶清洗工作量大；罐头玻璃瓶价格很高，一般为 0.50～0.70 元/个；分层装瓶很费工，装瓶速度慢。

（一）配方

分层菌种是瓶内培养料分为 2～3 层的菌种，类似于过去的双孢蘑菇菌种，如图 9-21 所示。

图 9-21　分层菌种外观

瓶底层：干稻壳，高度 3～5mm，平整。其作用是防止培养料在灭菌过程中渗出明水，把最底层的麦粒压破，最后结块，菌丝体无法生长。很多菌种场没有这一层。

麦粒层：小麦 70%～80%，泥土 5%～6%，稻壳 5%～6%，细木屑 5%～6%。料的高度为 3～5cm。如图 9-22 所示。

土层：称封口料。泥土 70%～80%，稻壳 10%～15%，细木屑 10%～12%，石膏 1%，碳酸钙或石灰 1%。如图 9-23 所示。

培养料的 pH 控制在 6.0～7.5 范围内。

分层菌种中小麦用量是非常少的，主要原料是土，而且质量最大，是羊肚菌菌种市场上成本最低廉的。

图 9-22　拌合好的麦粒　　　　　　图 9-23　土层：封口料

(二)原料预处理

小麦：采用浸泡或蒸汽直接蒸煮的方法。小麦含水量为 36%～40%，蒸煮时必须连续搅拌，使之受热均匀，蒸煮后白粒小麦容易破皮开裂，导致结块，工作量比较大。大规模的菌种场可以采用浸泡的方法处理。

土壤：破碎成细小的土粒。

细木屑：可以是阔叶树、针叶树木屑，过筛后即可直接使用。

稻壳：直接使用。

分层按照配方拌料，少量加水混合均匀，含水量掌握在土壤不呈稀糊状态，木屑、稻壳处于湿润状态即可，如图 9-24、图 9-25 所示。

图 9-24　麦粒层培养料

图 9-25　装土层封口

(三)装瓶

先装底料，再装麦粒层，然后土层，使其瓶肩填满菌种瓶。可以分段操作或流水线专业。

装满瓶后，用干净的布将瓶身擦干净，黏有泥土的部位要用清水擦洗干净。

(四)装筐

用双层封口膜加橡皮筋直接封口，然后整齐摆放在周转筐内。灭菌锅一次可以容纳1～3万瓶的数量，生产速度较快，如图9-26所示。

图 9-26　装筐

（五）灭菌

将周转筐排放在灭菌锅的层架上，推入灭菌锅内。同时，用大菌种袋将裁剪好的报纸封装，放入灭菌锅。封闭灭菌锅，高压灭菌锅121～126℃灭菌 2h；常压 100℃保温 16～24h，如图 9-27 所示。

自然冷却，出锅，送入接种室冷却。

图 9-27　上架、进锅

（六）接种

如图 9-28 所示，接种前将原种瓶口和瓶身用专用杀菌剂清洗处理，放入用杀菌剂消毒过的周转筐内，搬入接种室。

图 9-28　原种的处理

关闭接种室，接种前 2～4h，用气雾消毒剂熏蒸接种室。接种时点燃酒精灯，在火焰高热量范围内进行接种操作。接完种后，先封双层报纸，再盖封口膜，套上橡皮筋。

(七)培养

将菌种瓶单层码放在培养架上培养。温度为 22～23℃，空气相对湿度保持在 70%以下。每周喷洒一次消毒剂，并注意防虫处理。

每天派专人检查菌种生产情况，发现有污染的菌种瓶立即选出，重新进行灭菌接种。

罐头瓶装菌种一般 10～15d 长满菌丝体。共培养 20d 就可以播种。

三、菌种瓶装混合料菌种的制作

一般建议不要选用 750mL 的玻璃菌种瓶，现在大多数都使用聚丙烯菌种瓶替代玻璃菌种瓶。包括：750mL 的一次性聚丙烯菌种瓶，此类菌种瓶成本最低，一般单价 0.40 元/个，破瓶掏出菌种，一次性使用；850mL、1100mL、1400mL 或 1500mL 容积的大口菌种瓶，单价较高，为 1.80～2.10 元/个，但可以直接快速掏出菌种，重复使用数次。

优点是：聚丙烯菌种瓶透明，容易检查菌种质量，肉眼从外观上就可以观察到菌种质量的好坏；采用螺旋通气瓶盖，操作方便，通气良好，容易发生菌核；大口瓶口方便手工装料，易于接种操作；大口瓶容器硬度大，不容易变形，灭菌过程中也不容易被挤压变形；菌种瓶质量轻，不容易破碎，搬运省工省力，运输成本低。缺点是：一次性菌种瓶瓶口较小，装料难度较大，装瓶速度慢；一次性菌种瓶瓶体很薄，强度小，容易被挤压变形。

(一)配方

小麦 60%～70%，木屑 10%～15%，稻壳 10%～15%，细土 0～10%，碳酸钙或石灰 1%，石膏 1%。

麦粒用量较少的配方，可以适当添加 5%～10%的麸皮或细米糠，也可以适当添加稻草粉、玉米芯粉、食药用菌废料粉等原料。

(二)原料预处理

小麦：采用浸泡法。如图 9-29 所示，将小麦装入蛇皮袋中，数量为整袋容积的 1/3，用细绳扎口，放入水中浸泡 16～20h，将蛇皮袋捞起，晾干明水，倒出小麦拌料。大规模的菌种场最好采用浸泡的方法处理，操作方便。

图 9-29　麦粒浸泡方法

土壤：破碎成细小的土粒。可用可不用，没有强制要求。

木屑：可以是阔叶树、针叶树木屑，过筛后直接使用。

稻壳：将散稻壳直接倒入清水池中，搅拌均匀，浸泡48h，捞起，过滤到无明水流出。

按照配方拌料，混合均匀，含水量掌握62%～63%，pH 为 7 左右。

(三)装瓶

手工直接装瓶，先将空的菌种瓶整齐排放在地上，将培养料直接铲在菌种瓶上，稍加震动。然后逐瓶手工填料，轻轻压紧。装满瓶后，用干净的布将瓶身擦干净，黏有泥土的部位必须要用清水擦洗干净。应特别注意，把瓶口擦干净，如图9-30、图9-31所示。

图9-30　填料后装瓶

图9-31　装好料的菌种瓶

(四)装筐

用瓶盖直接封口。然后整齐摆放在周转筐或灭菌筐内，如图9-32所示。

图 9-32 装入灭菌框

（五）灭菌

将周转筐排放在灭菌层架子上，推入灭菌锅内。封闭灭菌锅，高压灭菌温度保持在 121～126℃，2h；常压灭菌，100℃保温 16～24h。自然冷却，出锅，用周转筐或灭菌筐直接送入接种室冷却。

（六）接种

关闭接种室，接种前 2～4h，用气雾消毒剂熏蒸接种室。在超净工作台上接种，2 人一组进行操作，一人为接种员，一人为辅助员。点燃酒精灯，辅助员拧松瓶盖，放在接种操作员的左手旁，接种员在酒精灯火焰高热量范围内进行接种操作，盖上瓶盖，把瓶移到右手边。辅助人员把接种瓶盖好瓶盖，放入周转筐内，送入培养室。

（七）培养

将菌种瓶单层排放在培养架上培养。温度为 22～23℃，空气相对湿度为 70%以下。每周喷洒一次消毒剂，并注意防虫处理。

每天派专人佩戴头灯观察菌种生长情况，发现有污染的菌种瓶立即清除，重新灭菌接种培养。

瓶装菌种一般 15～25d 长满菌丝体。共培养 30d 就可以开始播种。

四、聚丙烯菌袋装菌种的制作

聚丙烯菌袋作羊肚菌菌种容器，体积大装料多，成本最低，一套菌袋、口圈、透气盖的单价为 0.20～0.30 元/个；也可以选用透气袋，在菌袋壁上有一个通气孔，单价为 0.30～0.40 元/个；均适合大多数做商业化推广的菌种厂。其优点是：容器质量很轻，运输成本低；菌种袋透明，容易检查菌种质量，肉眼从外观上就可以观察到菌种质量的好坏；袋口有通气盖，通气良好，容易发生菌核；口大便于手工装料，更适合机械自动化装料，易于接种操作。缺点是：容器强度小，挤压容易变形，必须用形状固定的周转筐搬运和灭菌、运输；菌种袋聚丙烯膜容易产生细小的小孔，杂菌容易传染，导致大面积污染扩散；瓶口大容易污染；培养料容易被挤压成为紧实状态，少数菌袋菌丝生长困难。

（一）配方

小麦 70%～80%，泥土 5%～6%，粗木屑 5%～6%，石膏 1%，碳酸钙或石灰 1%。小麦以外的辅料水分含量 62%～64%，pH 7.0 左右。

麦粒用量较少的配方，可以适当添加 5%～10%的麸皮或细米糠。

（二）原料预处理

小麦：采用浸泡方法，如图 9-33 所示。

图 9-33 大量浸泡麦粒

土壤：破碎成细小的土粒。

粗木屑：阔叶树木屑，直接使用。

(三)装袋

手工或机械装袋，如图9-34所示。

装满袋后，套上口圈，盖上透气盖。

图9-34　套口圈、盖盖

(四)装筐

灭菌筐可以是耐高温的塑料筐，也可以自制钢条筐，如图9-35所示。将装袋完毕后的菌种袋整齐摆放在周转筐或灭菌筐内，注意袋间留一定的间隙，不要挤压得太紧。大容积的灭菌锅一次可以装2～3万袋菌种。

图9-35　灭菌筐

绝对不能够将菌种袋整齐排放在大蛇皮袋中进行灭菌，让菌袋之间相互挤压无空隙，蛇皮袋之间也无空隙。因为如果热量在灭菌过程中传递不畅，紧实的中心部位将永远也达不到100℃，灭菌不彻底，小麦还会发芽，导致大面积污染。有的菌种厂如此操作，链孢霉的污染率高达50%，无法控制，导致损失数百万元。

(五)灭菌

将周转筐排放在灭菌层架子上，推入灭菌锅内；钢条框可以直接堆码起来。封闭灭菌锅，100℃保温 16～24h。自然冷却，出锅，送入接种室冷却。

(六)接种

关闭接种室，接种前 2～4h，用气雾消毒剂熏蒸接种室。接种时点燃酒精灯，在火焰高热量范围内进行接种操作。接完种后，盖上通气盖。

(七)培养

培养架如图 9-36、图 9-37 所示。先将培养架、培养室在密闭条件下，

图 9-36　简易培养架

图 9-37　固定培养架

用气雾消毒剂熏蒸几小时。再用 1%～3%的硫酸铜溶液在地面、墙面、层架上下表面、立柱等处彻底喷洒 1～2 次。

　　将菌种袋单层码放在培养架上培养后，立即在通气盖上和菌袋表面喷洒一次链孢霉专用杀灭剂。温度为 22～23℃，空气相对湿度为 70%以下。每周喷洒一次消毒剂，并注意防虫处理。

　　每天派专人佩戴头灯观察菌种生长情况，发现有污染的菌种袋立即清除，重新灭菌接种培养。破损的菌袋，立即清除，掏料，重新装袋灭菌。污染程度大的，需在远离操作场的地点将培养料掏出，加专用灭菌剂处理，重新装袋灭菌接种。

　　袋装菌种一般 15～20d 长满菌丝体。共培养 25d 就可以播种。

五、大盒装菌种的制作

　　羊肚菌栽培种可以采用耐高温的聚丙烯材质的大塑料盒做容器，一个(30～40)cm×(30～40)cm×(10～14)cm 大小的盒子成本价为 10 元左右，相当于近 20 个瓶，可以多次使用，成本划算。其优点是：口大便于手工装料，装料速度最快；容器质量很轻，运输成本低；容器透明，容易检查菌种质量，肉眼从外观上就可以观察到菌种质量的好坏；盒体上有通气盖，通气良好，容易发生菌核。缺点是：盒口太大，边缘容易变形，导致杂菌和虫害容易传染，污染容易扩散，对培养室的无菌和防虫要求严格。

（一）配方

小麦 40%～50%，粗木屑 20%～30%，玉米芯粉 10%～20%，石膏 1%，碳酸钙或石灰 1%。小麦以外的辅料水分含量 62%～64%，pH 7.0 左右。

麦粒用量较少的配方，可以适当添加 5%～10%的麸皮或细米糠。

（二）原料预处理

小麦：采用浸泡方法。

玉米芯粉：清水浸泡 1～2d。

粗木屑：阔叶树木屑，直接使用。

（三）装料

打开盒子，铁铲直接铲料，稍压实。擦干盒子口的四周，盖上盒盖。装入大塑料袋中，扎口。

（四）灭菌

将大盒子直接排放在灭菌层架子上，推入灭菌锅内。封闭灭菌锅，常压或高压灭菌，时间和温度如常规（常压灭菌 100℃，16～24h；高压灭菌 121～125℃，2～3h）。自然冷却，出锅，送入接种室冷却。

（六）接种

关闭接种室，接种前 2～4h，用气雾消毒剂熏蒸接种室。接种时点燃酒精灯，在火焰高热量范围内进行接种操作，把原种布满培养料表面。接完种后，盖上通气盖，用透明胶带环形密封盒子的接口处。

（七）培养

先对培养架、培养室进行严格的消毒、杀虫处理。把菌种盒单层码放在培养架上培养，之后立即在通气盖上和盒子表面喷洒一次链孢霉专用杀灭剂。

培养温度为 22~23℃，空气相对湿度为 70%以下。每周喷洒一次消毒剂，并注意防虫处理。一般 10~12d 长满菌丝体。

每天派专人检查，发现有杂菌污染的立即重新灭菌接种。

六、菌种污染的控制

多数羊肚菌菌种厂的生产设施设备都十分简陋，各种条件都不规范，操作场地、人员、工具、空间相互交叉、十分开放；羊肚菌菌种转接操作多采用接种室内开放式操作技术，没有接种箱，也不用超净工作台。特别是所有操作人员没有防范意识、无菌操作意识，更不具备微生物的专业知识和技术，生产菌种常常出现大面积污染，导致大量的资金损失。规模化生产菌种，最麻烦的事情就是发生了大面积的杂菌污染，特别是常压灭菌的菌种厂，菌种污染率常常达到20%，有的甚至超过50%。其原因和处理方法为：

早期污染，菌种瓶口部在培养的前 10d 出现污染，主要原因是原种污染带菌，操作不当使杂菌进入，封口膜或盖破损、盖子松动等使杂菌进入。这种状况要及时检查，一旦发现有少量污染的菌种瓶或袋，立即重新灭菌接种培养。

中期污染，培养的第 10~20d，培养料中部、底部出现污染，常常表现为颗粒状、片状的杂菌菌落。主要原因是灭菌不彻底，需要改进装瓶、装袋的方式，尽量拉开距离，在灭菌锅内多预留热量的传递通道；加长灭菌时间；筛选培养料中的粗颗粒原料；使用新鲜的原料。污染不严重的可以重新灭菌接种，污染严重的可以将原料掏出，添加专用灭菌剂处理后，重新装瓶灭菌接种。

后期污染，菌丝体接近满瓶满袋或者已经长满。有多种原因，可能是原来少量污染没有发现；培养室湿度太大；通气盖空气滤膜破损等等。在通气不好的培养室，湿度很高，需要在室内撒干石灰降低湿度，预防杂菌。每 5~7d 定期在菌种瓶、菌种袋表面喷洒菌种生产专用杀菌剂。

生产羊肚菌菌种时可能出现的杂菌有：

根霉、毛霉：菌丝白色、灰白色，生长速度最快，几天长满菌种瓶或袋，继续培养将导致全体变黑。及时发现后，需立即灭菌处理。

青霉、木霉：培养料口部或表面，出现青灰色、青色杂菌病斑，即是通常所说的绿霉，主要是灭菌不彻底、培养料中有很大的颗粒物。处理方法：应该延长灭菌时间，筛除原材料中的大颗粒物，除麦粒以外的辅助材料最好堆制发酵1～2d。

红色杂菌：麦粒附近变为红色，可能是镰刀菌的污染，这样的菌种应该彻底清除。

链孢霉：分红色、白色2种状况，都是同一个物种——好食链孢霉。在培养料中首先从口部发生，菌丝体生长速度很快，很快超过所有的食药用菌菌丝，出现双层菌丝，并逐渐带红色、紫色；在菌种瓶、袋口、破损处，快速出现白色或红色粉状物，全部为该菌的分生孢子，有的可以长到5～20cm大小，为不规则状或猴头状、拳头状，孢子数量达到数十亿个/cm^3。孢子随空气流动、人为抖动、物品搬运等会快速大量传播，封闭的培养室内2～3d内会感染50%以上的培养物，处理不当可能导致80%以上的菌种污染，是菌种生产厂的一种毁灭性杂菌。在菌种厂出现1%以内的污染物时，就应该停工处理。有链孢霉污染的菌种厂的菌种绝对不能够使用。有效防止链孢霉的方法是：培养料用专用灭菌剂拌料；必须采用正确的灭菌锅装锅方法，严格接种操作；所有操作场地、特别是培养室，每3～5d用链孢霉专用灭菌剂喷洒；出现1瓶或袋污染链孢霉，立即停工，用链孢霉专用杀灭剂把污染的袋子或瓶子整体浸泡、烧掉；培养室用杀菌剂处理2～3次，每次都要把瓶底、袋子底部彻底喷洒，一周内未见链孢霉出现以后才能够继续生产。

七、菌种的储运

羊肚菌菌种一般是集中在几个场地，在30～40d内短期生产，需要大量的、远距离的运送。

满瓶满袋后的菌种继续培养10d后就应该及时播种，无法播种的可以储存在1～8℃的冷库中，低湿度下保存。

羊肚菌的播种期为11、12月份，此时南方地区的温度还是较高，常常有20℃以上的天气，因此，采用车辆冷藏车专车运送。此外，菌种运送过程中还一定要注意高温烧菌。菌种瓶、菌种袋的包装一般不要使用大的蛇皮袋，最后采用周转筐装菌种，以确保瓶袋之间不会挤压发热。

运送到用种地点后立即散开，用专用消毒剂杀灭表面的杂菌。

第四节　营养料袋生产技术

营养料袋也称营养袋，二次料袋，二次菌袋，外援营养袋等。是四川省林业科学院谭方河先生原创的一种新技术，业界称"谭氏技术"。这是一种灭菌后不接种的培养料料袋，里面没有任何微生物菌种。现有的羊肚菌栽培技术要求在羊肚菌畦面上摆放营养料袋才能够出菇，不摆放营养料袋不出菇的风险在90%以上。营养料袋需要在羊肚菌播种后摆放在土壤表面，土内的羊肚菌菌丝会长入料袋内，当料袋内菌丝体长满以后可以取走。营养料袋内可以形成羊肚菌的菌核，也可以形成羊肚菌的分生孢子，有亿分之一的可能会形成子实体。

因为营养料袋用量巨大，每亩需要1600~2000袋，它构成了羊肚菌栽培的培养料主要成本。

营养料袋的作用机制还没有一个统一的解释。著者认为营养料袋起到一个空间营养诱导作用或出菇方向信号刺激诱导作用。土壤表面的营养物质相当于自然林地表面的枯枝落叶和腐殖质，它们诱导羊肚菌菌丝向土壤表面生长，在表面扭结形成子实体原基。它们实际对子实体干物质积累的贡献率很低，几乎为"0"，因为大多数田块的营养料袋在大田中摆放40~50d以后都可以取走，这个时候还没有子实体形成，所以谈不上对子实体干物质积累有很大的贡献，著者用 ^{14}C、^{15}N 同位素进行了试验，试验结果完全证明了这一点。同样不用营养料袋，使用其他的营养液喷洒在土壤畦面也一样高产，也证明了这一点。

类似的机制如香菇的惊蕈，香菇出菇需要对菇木、菌袋进行敲击，静止摆放则基本不出菇。

营养料袋需要的数量为1600~2000袋/亩，即4~5个/m^2。其大小、形状、配方、密度等与产量没有直接关系，也没有直线关系。但是摆放时间对子实体形成时间、子实体产量有显著的影响，并呈显著的正相关关系。

一、配方

营养料袋常用的原料有：小麦、稻壳、玉米芯、木屑、草粉、土壤、腐殖土、麸皮、米糠等。其配方如下：

配方 1：小麦 30～50kg，草粉 20～30kg，谷壳 10～50kg，麸皮 5～10kg；

配方 2：小麦 25～40kg，废料 25～45kg，草粉 30～40kg，谷壳 10～50kg；

配方 3：木屑 20～70kg，谷壳 20～40kg；

配方 4：木屑 50～60kg，玉米芯粉 40～50kg。

可以另外添加中药防虫剂 0.002%～0.003%，石灰或碳酸钙 1%，石膏 1%，培养料的含水量为 63%～64%。

原料数量计划：每袋准备 50～100g 小麦，50～100g 木屑，50～60g 稻壳、玉米芯粉或草粉，50～100g 鲜土。按照每亩营养料袋所需用量和栽培面积准备充足的原辅材料。

二、制袋

菌袋：选用(12～18)cm×(25～35)cm 的聚乙烯、聚丙烯菌袋。数量为 200～500 个/kg。

装料量：湿重 300～600g/袋。不必过大。

工艺流程：如图 9-38、图 9-39 所示。

拌料→装袋→扎口→装包→装锅→灭菌→冷却→脱袋→摆放大田

原材料预处理：小麦采用浸泡的方法，浸泡 16～20h，捞起晾干明水即可。稻壳浸泡 24～48h，捞起稍稍晾干。

拌料：将木屑与浸泡后的稻壳混合堆制发酵 24～48h，再拌入麦粒、土粒、石灰或碳酸钙、石膏、杀虫剂，搅拌均匀即可装袋。

装袋：用装袋机或手工装袋，培养料的松紧度没有严格要求，可以适当疏松便于压平。

图 9-38　营养料袋的生产流程

图 9-39　将小袋装入蛇皮袋中

扎口：常压灭菌采用线绳或扎口金属丝、橡皮筋将袋口扎死结。高压灭菌要使用活结，否则密封太好，菌袋容易破裂。

装包：将单个营养料袋装入大的蛇皮袋中，一般要定量打包，每个大蛇皮袋装 80 或 100 个小营养袋，只码单层，使之排列成为规则的长方体。

装锅：将大菌袋单层摆放在灭菌层架上，不要叠放进行灭菌。

灭菌：高压灭菌 121℃，2～3h；常压灭菌 100℃，16～24h。灭菌一定要彻底。生产中大量使用灭菌不彻底的菌袋，就可能出现营养料袋的麦粒还在发芽生长麦苗；大量滋生杂菌，甚至生长红色、白色的链孢霉，而这些都是灭菌不彻底的表现。

冷却：自然降温，冷却后即可运送到大田进行摆放。

脱袋：将小菌袋从大蛇皮袋中取出，分散在大田畦面上。

摆放：打孔或划破以后均匀放在畦面。

注意：营养料袋灭菌不彻底会导致羊肚菌出菇数量减少或不出菇。

第十章 羊肚菌栽培技术流程

羊肚菌的栽培模式分为无料栽培、有料栽培两种主要模式。栽培的地块可以是蔬菜保温大棚、水田或旱地、林地、荒地、轮作地等。

蔬菜保温大棚(如西红柿、黄瓜、辣椒、西瓜等的大棚)在秋季采收、翻耕消毒后可以直接播种。

水稻产区在水稻收获后可以先栽培一季短期的蔬菜,如萝卜、各种叶菜,在 11、12 月收获蔬菜后栽培羊肚菌,次年 4 月采收羊肚菌以后接着栽培水稻,如此可以循环进行,即:

水稻→蔬菜→羊肚菌→水稻

旱地前期作物包括蔬菜、玉米、甘薯等,收获以后可以直接翻耕,然后栽培羊肚菌。也可以在玉米 8 月份收获后栽培一季短期蔬菜,11、12 月份收获以后再栽培羊肚菌,然后等到次年 4 月羊肚菌收获,又可以继续栽培各种作物。即:

玉米/甘薯—蔬菜—羊肚菌—玉米

果园可以在行间直接栽培羊肚菌,如南方的柑橘、桃、核桃、板栗等果园;北方大量的苹果、枣、梨等果树。根据果树的行距在行间栽培 1 或 2 垄。

林地可以直接在行间栽培羊肚菌,如各种园艺植物的苗圃、北方大量的杨树林、柳树林。根据果树的行距在行间栽培 1 或 2 垄。

荒地、轮作地最好在 8、9 月翻耕,旋耕 1~2 次,浇大水淹没浸泡,盖上厚膜或遮阳网,抑制杂草的生长,在播种前 1 个月放水,晒干土面。

旱地栽培要求每年换地,一般不连作或者在夏季不栽培作物,翻耕后淹水处理 1~2 个月,第二年可以栽培羊肚菌。

第一节 操 作 流 程

羊肚菌大田栽培的工艺流程如下:

大田→清除杂草→翻耕→耙细→划线→开畦/厢→搭棚架、盖遮阳网→播种→覆土→覆膜→摆营养料袋→保温→菌丝生长阶段水分管理→出菇阶段水分管理→采收→加工→销售

时间安排如下：

母种生产时间：9 月初～9 月底。

原种生产时间：9 月中旬～10 月中旬。

栽培种生产时间：10 月初～11 月中旬。购买菌种需要在 9 月前向专业菌种厂预定。

大田播种时间：11 月初～12 月底。

营养料袋生产时间：11 月中旬～次年 1 月中旬。

营养料袋摆放时间：播种后 5～25d。摆放时长为 40～50d，时间结束即可取走。

菌丝生长阶段：11 月初～次年 2 月中旬。

出菇管理阶段：2 月中旬～3 月下旬，北方为 4 月中旬。

采收时间：3 月中旬～4 月中旬。

第二节　物资准备

羊肚菌栽培必须准备各种生产物资，包括菌种、营养料袋、遮阳网、架材、地膜、水管系统、耕作机械等。按照一亩地栽培面积计划的物资准备如下：

菌种：购买或自制。需要数量为 750mL 菌种瓶 300～350 瓶/亩，500mL 菌种瓶 400～500 瓶/亩，湿料 500g 左右的袋装菌种 240～250 袋/亩，湿料 1000g 左右的袋装菌种 120～150 袋/亩。

营养料袋：购买或自制。需要数量 1600～1800 袋/亩，菌袋规格（12～15）cm×（25～35）cm。湿料总重量为 500～1000kg。

遮阳网：密度为 6 针黑色遮阳网。要求网面平整、光滑，扁丝与缝隙平行、整齐、均匀，经纬线清晰明快。幅宽为 6～12m，购买的成本为 800～1200 元/亩。一般可以使用 3～5 年。

架材：大竹竿、细竹竿、树干、钢管、水泥柱等。用直径 8～12cm

的大竹竿立柱、5～10cm 的树干、4cm 或 5cm 的钢管，高度为 2.5～2.6m，插入地下 50～60cm，地面高度为 2m。柱间距为 4m，在田间均匀分布，总数量需要 45～50 根/亩；(8～10)cm×(8～10)cm 的水泥柱间距为 6m，数量为 25～30 根。柱头的顶端用细竹竿或钢索、铁丝连接成方格网，方格网上再遮盖遮阳网。

铁丝：直径 2～3mm 铁丝或钢索，用于棚架顶端方格网的拉线，棚架四周的固定斜拉线，直径 0.5mm，铁丝或钢索总长度 400～500m。

尖木桩：直径 15～20cm，长度 40～50cm，用于固定棚架，需要数量 40～50 个/亩。

竹片：宽度 2～3cm，长度 2m，用于棚架内的小拱棚，间距 60～80cm 起拱，畦面总长度为 600m/亩，需要 750～1000 条。

黑色地膜：幅宽 120cm，黑色微膜。购买成本 40～80 元/亩。

喷水水袋：主水管 10～20m/亩，喷水软管 200～400m/亩，开关 10～20 个/亩。

旋耕机、开沟机：各 1 台。购买或租用。

抽水设备：潜水泵 1 台，水管若干。

工具：菌种包装袋、运输物资的车辆、锄头、电工工具、机械工具、喷雾器、塑料盆等等。

第三节 栽培场地选择

羊肚菌栽培场地应该选择地势平坦、接近水源、避风向阳、交通方便、排水良好的地点。

羊肚菌栽培场地选择蔬菜大棚可以达到很高的产量，也可以是水稻田、旱地、果园、林地、荒地、轮作地等。

栽培的地块要求较为平整，一般的坡度为 0°～5°，不要太陡。山区陡峭的坡地需要沿等高线方向开畦，不要垂直于等高线顺坡方向开畦。

栽培场地要求有良好的水源保证。必须有地下井水、自然河渠流水、水库或塘堰水等供应，如图 10-1 所示。距离应离栽培地块很近，就在栽培地中最好，距离太远输水成本提高，无法保证及时用水。数

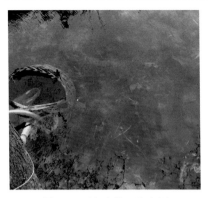

图 10-1　清洁的天然水源

量上必须保证在冬季、春季水量达到 20~30t/亩。需要自备供水水泵、管道、喷头等。

栽培场地的海拔高度可以为 1~3000m，平原、丘陵、山区均可。

栽培羊肚菌的田块还必须排水方便，不积水、水不渍，不要选择山沟、丘陵冲沟的地势最低的田块。春天雨水太多，因此必须保证能够及时排除，否则可能导致几百亩田地的绝收。

栽培场地最好能够避风，特别是不要正对当地微地形的风口。要求背风向阳，地势比较开阔。

场地需要有方便的交通条件，距离主要公路最近，场地小路最好是硬化的道路。上百亩的种植基地田间最好有网格状的硬化道路。不要选择远离机动车道路，因为有大量的物资需要搬运，车辆运输更方便，而人工运送成本则相对更高。

第四节　整地、开畦

大田栽培首先需要清除杂草和秸秆及其残留物，采用手工或机械清除，数量很大的残留物必须清理。大田一般不要使用除草剂喷洒。

及时整地。一般用大型或小型的旋耕机翻耕耙细土壤 1~2 次，将土块破碎成小于 5cm 的细土。天晴的情况下可以曝晒 1~2 周，雨天需要用农膜遮盖，防止雨水过多。

水稻田在收割水稻以后必须在田块四周开排水沟，沟的深度要求在 30cm 以上，地下水明显或排水不畅的转角沟的深度应该超过 50cm。宽度和长度很大的田块在中央要开十字沟，沟的深度要在 30cm 以上。没有明显积水以后及时进行翻耕并耙细。

有机质含量超过 2%或 pH 低于 6 的土壤需要在土面用石灰进行消毒处理，新鲜石灰的用量为 100～200kg/亩，均匀地将新鲜石灰撒在地面，然后用旋耕机翻耕，使石灰与表层土壤混合均匀，如图 10-2 所示。

图 10-2　旋耕机整地

播种前 1～2d 在田中划线开畦，四川也称开厢。畦面宽度一般要求为 60～80cm，建议不要开成 100～120cm，尽量增加边缘的长度；走道的宽度为 30～50cm，如图 10-3 所示。

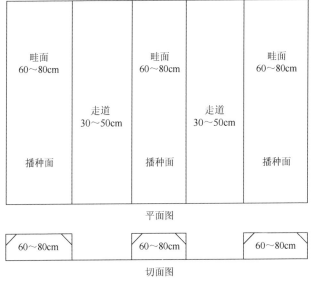

图 10-3　地面开畦的平面和切面示意图

将 666.7m² 的田块设为理想的形状，长 60m，宽 11.1m。

按照 70cm 畦宽+40cm 沟宽计算，每亩的有效播种面积为：

畦宽 0.7m/条×10 条/亩×畦长 60m=420m²/亩

畦面长边的边长为：2×畦长 60m×10 条/亩=1200m/亩；

按照 80cm 畦宽+40cm 沟宽计算，每亩的有效播种面积为：

畦宽 0.8m/条×9.25 条/亩×畦长 60m=444m²/亩

畦面长边的边长为：2×畦长 60m×9.25 条/亩=1110m/亩；

按照 90cm 畦宽+40cm 沟宽计算，每亩的有效播种面积为：

畦宽 0.9m/条×8.5 条/亩×畦长 60m=459m²/亩

畦面长边的边长为：2×畦长 60m×8.5 条/亩=1020m/亩；

按照 100cm 畦宽+40cm 沟宽计算，每亩的有效播种面积为：

畦宽 1.0m/条×7.9 条/亩×畦长 60m=474m²/亩

畦面长边的边长为：2×畦长 60m×7.9 条/亩=948m/亩；

按照 110cm 畦宽+40cm 沟宽计算，每亩的有效播种面积为：

畦宽 1.1m/条×7.4 条/亩×畦长 60m=488m²/亩

畦面长边的边长为：2×畦长 60m×7.4 条/亩=888m/亩；

按照 120cm 畦宽+40cm 沟宽计算，每亩的有效播种面积为：

畦宽 1.2m/条×6.9 条/亩×畦长 60m=499m²/亩

畦面长边的边长为：2×畦长 60m×6.9 条/亩=828m/亩。

由以上计算得知，畦面越宽，有效播种面积越大，但是畦面长边的边长越短，如 70cm 宽的畦面长边边长为 1200m/亩，120cm 宽的畦面长边边长仅 828m/亩，接近减少了 1/3，大大降低了羊肚菌出菇的边缘效应。由此可知，畦面应该越窄越好。

在田块的两侧拉线，将拉线固定，用石灰划线。将走道内的土壤翻到畦面上，走道中央留 2/3 左右的土壤用于播种以后的覆土，如图 10-4 所示。

图 10-4　划线开畦

第五节　搭　建　棚　架

羊肚菌栽培的棚架方式有：蔬菜温室大棚、矮棚、矮拱棚、人字棚、高拱棚、高连棚等；无棚露地栽培；与小麦、油菜、麦冬、蔬菜等作物套种；在林地、果园行间套种，如图 10-5 所示。具体方式将在第十章详细介绍。

高连棚　　　　　　　　温室大棚　　　　　　　　高拱棚

矮方棚　　　　　　　　油菜地套种　　　　　　　露地栽培

图 10-5　羊肚菌栽培的棚架方式

最常见的是高连棚模式，将几十亩、几百亩地连接成一个整体的简易大棚，成本很低，操作方便，推广容易被接受。

最高产的棚架是保温蔬菜大棚，保温效果好，容易保湿，管水方便，不容易被雨水淋湿，出菇产量最高。但是成本很高，最好利用已经建成的大棚。

高拱棚操作方便，成本稍高。不过加上薄膜就可以作为保温大棚使用。

矮方棚操作稍微麻烦，成本稍高。但是保温保湿效果好，容易获得高产。

无棚露地栽培方式可以出菇，但是产量不高，仅10～20kg/亩。

蔬菜地、药材地套种羊肚菌是一种耕作模式，但是采集子实体时的露水很多，有些子实体生长在蔬菜丛中不容易发现，采集麻烦，不适宜推广。

林下种植是一种节约土地的好方法，可以在林下行间搭建保温矮棚，保温保湿，有效防止风吹，没有雨水淋湿，出菇效果好，产量高，质量好。可以在人工林、药材林、竹林、果树林下进行栽培。

各种大棚采用的遮阳网密度最好为6针。不要选用3、4针密度的遮阳网，遮阳网过稀，不遮光，不保温，不保湿，不防雨，常常导致减产或绝收，如2015/2016年就有数千亩的产量仅仅达到10～30kg/亩，损失惨重。

播种前检测土壤水分状况。土壤偏干，土粒发白、手搓土壤无法形成土条或土条断裂，湿土含水量低于17%，必须适当补水，如图10-6所示。可以直接用水管在畦面浇灌1～2次，使土壤湿土含水量达到18%～22%，再稍微吹干表土后即可播种。土壤含水量超过25%，必须多开排水沟排水、对土壤进行曝晒。阴雨季节，排水不畅

图10-6　播种前灌水处理

通的田块，在翻耕以后必须用农膜覆盖土面，否则无法播种。土壤过湿播种，菌丝无法穿入土粒，容易导致绝收，如 2015/2016 年就有近1000 亩的损失。

第六节 播 种

塑料瓶或菌袋包装的菌种最好先进行表面消毒处理。方法是：用0.1%～0.2%来苏尔或新洁尔灭溶液，清洗栽培种的瓶身和瓶口、菌种袋表面、掏种工具、塑料盆，接种人员的双手皮肤进行消毒处理。用消毒后的金属工具将菌种掏出，放在消毒后的大塑料盆或编织袋中，运送到大田，进行撒播或沟播，如图 10-7、图 10-8 所示。

图 10-7 掏出的菌种

图 10-8 搬运菌种

　　撒播：如图 10-9、图 10-10 所示，将菌种均匀撒在厢面上。单位面积用种量为菌种湿重 0.3～0.4kg/m^2。

图 10-9　撒播菌种

图 10-10　菌种均匀分布在土面的情况

　　沟播：将菌种均匀地撒在播种沟内。用种量为每 1m 长的播种沟撒播菌种湿重 0.1～0.3kg。

　　大规模栽培的基地，播种工作最重要的是控制菌种的用量。首先确定可以用于播种的菌种数量，准确称取从瓶中或袋中掏出来的湿菌种的重量，计算平均重量。通过几次试验，确定一瓶或袋菌种的播种面积或 $1m^2$、一亩地的菌种用量。定时对播种人员的用种量进行检测，并随时控制用种数量。或者是分小田块测定面积，计划菌种施用量，定量称取菌种，并让专人负责该田块的播种工作。多年来，特别是 100 亩以上面积的栽培场地，由于没有注意控制菌种用量，常常导致前期菌种用量过大，后期菌种用量吃紧，甚至还出现了数亩地搭了架没有菌种使用的普遍现象。

现在的技术菌种不需要水合处理，这是羊肚菌栽培的一个经典技术。过去大多数栽培者采用的方法是羊肚菌菌种在播入土壤前必须水合处理，具体方法是：将菌种掏出后，尽量扒成细小的颗粒，将菌种中拌入营养液，营养液的配方是：0.1%～0.15%硫酸镁，0.01%～0.05%磷酸二氢钾，0.01%～0.02%磷酸氢二钾，0.001%～0.002%硫酸锌，0.001%～0.002%硫酸亚铁，有的配方中还加入 0.1%～0.5%的葡萄糖。掏出的湿菌种与水合营养液的质量比是 100∶(20～40)，即每 100kg 湿菌种拌入 20～40kg 的营养液，充分拌匀后才能播种到大田。后经大量试验证明，完全不需要此操作步骤。

第七节　覆　　土

播种以后要立即进行覆土。大面积栽培，播种后最多不超过 1h 就要覆土，否则菌种容易被吹干，导致菌丝体生长缓慢或死亡。

覆土用走道内的土壤，覆土厚 5.0～7.0cm。

覆土的方法：可以用人工铲土或开沟机翻土，将走道内的土壤翻到畦面上，均匀分布，如图 10-11 所示。

要求：覆盖均匀，平整，不露种，不露料。

土壤偏干或在干旱地区，可以适当碾压土面，减少覆土层土壤的孔隙度，防止水分损失。

如果播种期间阴雨连绵，土壤湿度过大，把菌种撒在畦面以后，应该采用干客土覆盖，不要采用原田的湿土覆盖。其中，采挖山坡上干燥的沙土，运送到湿田中进行覆盖，效果较好。

图 10-11　开沟机翻土覆盖畦面

第八节　盖　膜

播种后在畦面直接覆盖黑色微膜或起小拱棚覆盖黑膜或白色薄膜，如图 10-12 所示。其作用是保温、保湿、抑杂、防雨、压草，可以提前 15～20d 出菇，延长出菇期，保证高产稳产。

图 10-12　覆盖黑膜或搭建小拱棚

方式1：黑微膜或黑地膜直接覆盖箱面，四周用土块稍压实。该方法操作简便，但是地膜下表面容易形成冷凝水水珠，滴水在畦面局部形成高湿度的小区域。覆盖双层黑膜效果更好。

方式2：用竹片起小拱棚，拱棚最高处离畦面的高度为20～40cm，用白色薄膜或黑色薄膜遮盖，四周用小土块压即可。该方法操作稍微麻烦一点，但是薄膜下表面不容易形成水珠。

方式3：在畦面四周打矮立柱，畦面高度为30cm，用铁丝或钢索在四周拉线并固定，再在拉线上覆盖黑膜或白膜。该方法操作也稍显麻烦，但是棚架稳固，薄膜下表面不容易形成水珠。

上述方法在播种时如果土壤水分适宜，到菌丝培养期结束也不需要管水。如果需要管水时，将薄膜揭开，放在畦面的一侧，即可喷水。

一般不要在畦面覆盖稻草、草节、草帘、树枝、腐殖土、木屑、松针等材料。这些材料的使用首先费工、费力，会大大提高成本。更严重的是容易带来大量杂菌和虫害，如图10-13所示。

图10-13　畦面摆放稻草的情况

畦面也不提倡播种少量小麦。

播种后几小时菌丝开始萌动生长，24h可以看到明显的新菌丝，如图10-14、图10-15所示。2～3d后长满表层3～5cm的土层，7～10d后畦面布满白色、灰白色菌丝体，手拍打土面起雾：为菌丝体产生的分生孢子粉，如图10-16所示。

图 10-14　播种后菌丝体生长情况

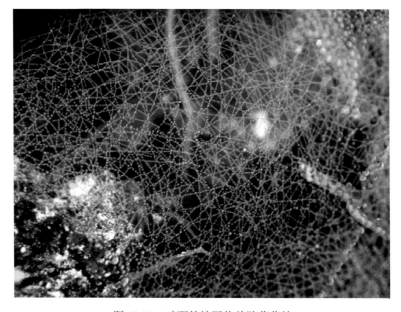

图 10-15　畦面的蛛网状羊肚菌菌丝

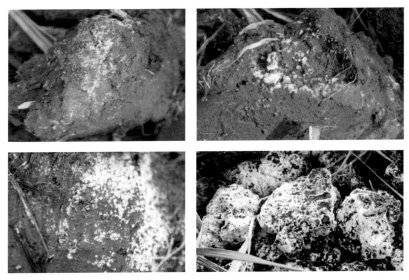

图 10-16　土壤表面的菌丝体和无性繁殖体

第九节　摆放营养料袋

营养料袋是羊肚菌栽培必需的操作环节,不摆营养料袋一般不会出菇或产量很低。

营养料袋可以与菌种一起购买。也可以自己生产,制备方法见第9章第四节:营养料袋生产技术。

摆放方式:料袋间隔 20～30cm,行距 30～40cm。密度 4～5 个/m²。

营养料袋的用量:每亩 1600～2000 袋,干料重量 300～500kg。

摆放时间:播种覆土后第 7～25d 摆放,一般不要超过第 30d。

摆放方法 1:如图 10-17、图 10-18 所示。自制一个排式打孔器,在一块 1cm 左右的厚木板上用 20～30mm 长的铁钉钉穿木板,数量为 (3～5)×5 颗,即 3～5 排共 15～25 颗铁钉,铁钉顶帽一侧还可以另外再加一块木板,防止铁钉松落。把营养料袋的一侧在打孔器打孔,用铁钉刺破料袋的膜,将料袋打孔的一侧平放在地面,与土壤接触,稍压实。此法操作便捷,料袋孔口小,培养料不容易散落在土面。

图 10-17　营养料袋的摆放

图 10-18　营养料袋内羊肚菌菌丝生长情况

摆放方法 2：将营养料袋的一侧用小刀划 2 条平行的小口，长度为 5～8cm，不要划十字口。把破的一侧与土壤接触，稍微压实。注意此方法容易把菌袋完全划破，培养料容易撒落在畦面，引起污染。

摆放方法 3：将营养料袋封口的一侧的菌袋膜用剪刀或刀片环割开，露出培养料。把露出的一侧与土壤接触，使料袋倒放直立在地面。此方法比较费工，培养料容易撒落在畦面，造成污染。

取袋：营养料袋应在大田摆放 40～45d 后取走，所以在出菇期间田间地面没有任何物品。不过也有很多栽培者直到出菇结束后才取走营养料袋，但是在南方地区这一做法有带来杂菌污染和虫害的风险，特别是阴雨高湿的 3 月份，营养料袋内会发生大量的跳虫、线虫、菌蚊、菌蝇等害虫。

　　外观现象：如图 10-19 所示。料袋内会长满羊肚菌褐色、黄褐色的菌丝体，有时也可以观察到菌核形成，培养料料块上一般不会形成子实体。灭菌不彻底的营养料袋上会长出各种杂菌、麦粒可能会发芽。

图 10-19　营养料袋取走以后的菌丝体

　　营养料袋下面空间湿度大，料袋内营养丰富，会大量生长密集的黄褐色的羊肚菌菌丝体，取走料袋以后，这些菌丝体被吹干以后就倒伏在原来的位置。菌丝体的颜色由原来的黄褐色变为棕褐色、红褐色，密集的菌丝体还容易形成菌皮，这些都是正常的现象。在南方、低海拔的高湿地区，一般不会在摆放营养料袋的位置发生子实体；在北方、高海拔的低湿度地区，营养料袋下面是局部湿度最大的位置，容易在此发生子实体，如图 10-20 所示。

图 10-20　营养料袋下面的密集菌丝体

第十节 菌丝生长阶段的管理

播种后到出菇前的时期为菌丝生长阶段，即发菌管理，南方的时间段是 11 月到次年的 2 月中旬～3 月初，北方的时间段是 11 月到次年的 3 月初～4 月中旬。

这个阶段的目标是让羊肚菌菌丝体大量繁殖，使羊肚菌菌丝体能够充满表层 20～30cm 厚的土层，让羊肚菌菌丝体充满土壤内部空间，充分与土壤接触。菌丝体吸收、积累土壤内的各种有机营养物质和无机营养物质，储存在菌丝体内，为出菇奠定良好的物质基础。主要措施是水分、温度、空气、虫害、杂菌、风灾、雨雪等方面的管理。

（一）水分管理

羊肚菌栽培管水的最好方法是在田间安装喷水带或称微喷带，如图 10-21、图 10-22 所示，其次是用抽水泵进行喷灌或浇灌。在山区

图 10-21　喷水水带的安装

有一定坡度、阶梯状梯田中的田块可以在走道内使用流水，保持沟内水位不超过沟深的 1/2，以跑马水的形式进行浇灌 2～3h，但是绝对不要淹没畦面，不能够让水在棚内停留 5h 以上，否则水分过多，会导致菌丝体无法生长、死亡，结果是减产或绝收。

播种前土壤湿度过低的需要保持 1～2 次大水喷灌，使土壤含水量接近 20%。没有及时灌水的，可以在播种后第 4～7d，在畦面进行喷水或用喷灌带喷水。

立春前：从播种后到 2 月初，可以每隔 10～15d 喷 1 次大水，畦面喷灌用水量为每次 5～15kg/m^2，具体根据大田实际情况决定，保持地表的土粒不发白即可。

图 10-22　出菇前的喷水方法

立春后：2 月底到 3 月初，气温回升到 8℃后开始出菇。先喷 1 次大水，以后根据天气状况适当管水，采用水管浇灌或喷灌的方式进行，保持厢面土粒不发白或稍发白为度。气温稳定在 8℃左右时，土壤含水量应该达到 20%～23%，保证有足够的水分供子实体形成。

观察：土粒不发白，土面有少量绿色苔藓植物，俗称青苔，同时苔藓植物生长不要太旺盛，约占畦面总面积的 20%～30%，但不密集。

检查：土壤手搓成条，不粘手，湿土含水量控制在 19%～22% 之间。

(二)温度管理

冬季一般只需要保温。冬季气温较低，必须要使用黑色、白色薄膜直接遮盖畦面或在畦面上起一个小拱棚进行保温处理。尽量保持土温在 5℃以上，最坏的情况下也不会低于 0℃。有些基地会在畦面上悬挂 1 层遮阳网，但实际下保温的效果可能并不理想。

(三)空气管理

畦面遮盖薄膜后，可以每 3～5d 揭开 1 次，通气 10～20min，适当通风并降低土面的湿度。小拱棚薄膜四周没有严密压实的，如果通气状态良好，也可以不用通风。

(四)虫害管理

播种前可以使用中药成分的防虫剂喷洒处理 1、2 次。营养料袋中最好拌入食用菌生产专用的中药防虫剂，可以有效防止各种虫害的发生，使有效期达到 6 个月以上。

对于能够飞翔的害虫，在大棚内悬挂黏虫的黄板，黄板间隔距离为 2～3m/个。也可以在棚内安装诱虫灯诱杀各种害虫。

南方地区大田中蛞蝓、蜗牛等软体动物容易发生，可以用四聚乙醛进行防治，方法是将四聚乙醛颗粒与泥沙拌合，均匀地撒在畦面上。

(五)杂菌管理

播种以后，土面容易滋生各种杂菌，每 3～5d 揭开薄膜观察畦面，发现有异常生长的包色菌丝体、杂色菌丝体，可以用石灰覆盖，通风 1～2h，使土面变干，霉菌不再大量生长。摆放营养料袋以后，要注意观察营养料袋内菌丝的生长情况，均匀的黄褐色菌丝为羊肚菌的菌丝，如果出现少量青霉、绿色木霉，可以任其生长。如果出现大量红色、白色的链孢霉，就应该及时喷洒链孢霉专用杀灭剂控制其生长。出现大片纯白色的担子菌菌丝，可以适当撒一些石灰控制其继续生长。

(六)风灾管理

防风效果最好的就是蔬菜保温大棚、简易大拱棚、矮平棚等。生产中大面积推广的简易大连棚，最花钱的问题是风灾、雪灾垮棚，数十亩的大连棚，每次遇到 2 级以上的风就会被吹垮很多，有的基地每年垮棚次数达到 5～7 次，管理起来非常麻烦。防风的有效方法有：

尽量缩小单个小连棚的面积，一般做一个独立的连棚不要超过 10 亩地；

加大立柱的直径和密度，插入土壤的深度要超过 50cm；

在立柱上坠吊土袋或沙袋，每根立柱上坠吊 1～2 个；

每根立柱上增加一个斜柱支撑；

连棚周边多用铁丝斜拉固定；

检查遮阳网连接线缝是否紧密牢固。随时缝补掉线的地方；

在遮阳网上面再增加一层软绳子或铁丝制成的方格网。

(七)雨雪管理

南方冬天、春天容易出现阴雨连绵的天气，雨水直接冲刷畦面对菌丝体生长和子实体生长都不利，最好在畦面覆盖薄膜，出菇期间用上一层遮阳网。

海拔稍高的地区种植羊肚菌还容易受到雪灾，必须注意当地的天气预报，在大雪降落之前加固大棚。大雪后及时清理棚顶上的积雪，防止积雪压垮大棚。

(八)其他问题管理

如图 10-23 所示，发菌期间最容易出现的生理问题之一是土面气生菌丝过于旺盛，浓密的气生菌丝在土壤表面大量生长。其主要原因是土壤水分过湿，需要加强通风排湿。

图 10-23　土壤湿度过大土面气生菌丝生长过旺的情况

另外一个问题是土面分生孢子过多，如图 10-24、图 10-25 所示，畦面雪白一片。干燥的田块可以适当喷水淋洗打压；土壤含水量过高的田块，应该加大通风力度，减少表土的含水量。

图 10-24 土面气生菌丝和分生孢子形成情况

图 10-25 大拱棚内容易发生分生孢子过多的情况

土块表面菌丝转为黄褐色、棕褐色属于比较正常的情况。如图 10-26 所示，土粒明显发白，表明土壤水分含量不足，可以适当补水。

畦面遮盖薄膜的田块一般没有危害性的杂草发生。

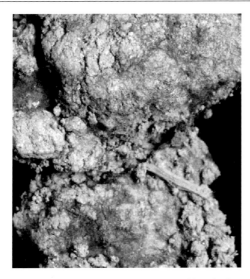

图 10-26　土块表面气生菌丝老化后棕褐色菌丝

第十一节　出菇阶段的管理

南方地区一般在 2 月中下旬、3 月初开始出菇，到 3 月下旬、4 月初采摘结束；北方地区、海拔超过 800m 的山区，在 3 月中下旬、4 月初开始出菇，到 4 月中下旬采摘结束。这时气温稳定在 8℃以上 3～5d，子实体就开始发生。子实体生长的温度范围是 8～18℃。气温超过 15℃不再形成子实体原基，超过 22℃子实体就会死亡，超过 25℃子实体完全倒伏死亡。

出菇期间注重土壤和空气湿度管理，双层遮阳网遮阴，每天早晚通风 1 次，每次通风时间为 25～35min。

土壤含水量要求：湿土含水量控制在 20%～23%之间。绝对不要再使用大水漫灌，否则容易导致绝收。

空气湿度要求：控制在 85%～90%。

子实体颜色变化情况：子实体原基为黄棕褐色，幼嫩子实体为黑色、灰黑色，成熟后黑色逐渐变淡，成为肉褐色、灰褐色、棕褐色，少数为较深的黑色，如图 10-27～图 10-32 所示。

图 10-27　土壤表面形成的子实体原基

图 10-28　原基及其发育而成的幼菇

图 10-29 原基的形成和子实体的
生长情况

图 10-30 正在生长的子实体

图 10-31 接近采收标准的子实体

图 10-32 水管布局的实况

产量估算：随机选取样方，统计 $1m^2$ 的子实体数量，计算出菇密度为多少个/m^2。随机称取 100 个子实体的重量，根据子实体的平均重量，测算产量。

(一)水分管理

羊肚菌出菇阶段的水分管理主要是对空气相对湿度的管理以及土壤含水量的管理。

观察：土粒表面必须保持湿润状态，不发白，土面有少量绿色苔藓植物，但不密集。

检查：土壤可手搓成条，不粘手，湿土含水量控制在20%～23%之间。

子实体原基形成以后不能够直接向畦面喷水，否则原基就会大量死亡。这时只能在空气中少量喷细雾或用雾化器增加空气湿度。如果土壤湿度过低，如图10-33所示，就不会形成原基，要使原基形成可以在走道的沟内少量灌水，增加土层内的含水量。

图10-33　土粒发白处不出菇

3月份南方地区常常出现阴雨天气，这时一定要防止大田渍水、雨水直接冲刷畦面，最好采用小拱棚防雨，将拱棚四周的土块去掉，使棚内处于良好的通气状态，预防小棚内温度过高。

(二)温度管理

出菇季节首先要防止低温冻害。2016年由于前期温度很高，在2月20日左右，四川省大部分羊肚菌栽培田块就开始形成原基，但在这期间突然遇到几十年不遇的冻害天气，所有的地区温度一夜之间降低到−5℃，局部地点降到了−12℃，然后又上升到 10℃以上，导致形成的原基全部死亡。因此要有效防止冻害，必须使用小拱棚保温。

3 月中下旬气温容易突然升高到20℃以上，要注意预防高温的危害。从 3 月 10 日开始，需在大棚的顶部再吊一层 6 针的遮阳网，形成双层遮阳网，两层之间的距离为 10～15cm。在这里形成一个空气流动速度相对较低的缓冲层，大气的热空气不会流到地表，更不会使土层的温度升高，造成高温的危害。

温室大棚可以把大棚上的薄膜去掉，改单层遮阳网为双层，以防止棚内出现高温。一般不要把大棚的四周打开，以免风直吹畦面，导致土壤表层失水，原基和子实体死亡。

（三）空气管理

畦面直接遮盖薄膜的，可以用竹片拱起成为小拱棚；已经做成小拱棚的可以保持原地不动。把表面薄膜四周压实的土块去掉，保持棚内良好的通气状态。

（四）虫害管理

南方地区容易发生虫害，最好把营养料袋清除，不要继续保留在土面。营养料袋是一个培养各种害虫的温床，特别容易发生跳虫、线虫等。

出菇期间继续悬挂黏虫的黄板、安装诱虫灯诱杀各种害虫。绝对不能够使用任何农药杀灭害虫。在菌丝生长阶段施用了四聚乙醛的田块，一般不会再出现蛞蝓、蜗牛等软体动物。

（五）杂菌管理

出菇阶段最先在畦面出现的可能是一些盘菌，预示羊肚菌子实体也开始发生；菇床上也会少量的伞菌，数量不多危害不大，但大量发生时，应该手工清除。土壤湿度过大，特别是大水漫灌的田块，最容易在子实体上形成大量白色霉菌，致使子实体慢慢腐烂，这是镰刀菌、拟青霉等病原菌危害，这时应该保持良好的通气，降低土壤含水量和空气相对湿度，抑制病原菌大量的生长繁殖。一般不要施用农药控制。

(六)风灾管理

出菇阶段仍然要注意风灾，必须使棚架保持稳固状态。还要将大棚四周的遮阳网基部压实，防止干热风袭击畦面的原基和幼菇。

(七)雨水管理

出菇阶段容易出现阴雨连绵的天气，雨水直接冲刷畦面对子实体原基的形成和生长都极为不利，最好在畦面用小拱棚遮盖，用双层遮阳网遮盖大棚。

海拔稍高的地区种植羊肚菌还容易受到雪灾，必须注意当地的天气预报，在大雪降落之前加固大棚。大雪后及时清理棚顶上的积雪，防止积雪压垮大棚。

(八)其他问题管理

出菇期间出现土壤湿度过大，含水量超过 25%；下雨后排水不畅淹没畦面；杂草疯长覆盖全部的畦面；畦面长满苔藓植物等情况，基本上是无法挽救的，如图 10-34、图 10-35 所示。

图 10-34　杂草、小麦麦苗过多的情况

图 10-35 土壤过湿，苔藓植物生长过多的情况

第十二节 采 收

采收标准：羊肚菌商品菇的采收标准不是羊肚菌生物学的成熟标准。商品菇的菌盖长度一般不超过 7cm，要求是 3～5cm；鲜菇菌柄长度为 3～5cm；整菇的长度为 7～12cm 时就要及时采收，如图 10-36

图 10-36 达到采收标准的子实体

所示。不能够让子实体长到最大时才采摘，有的菌株子实体可以长到20cm高度，单个重量可以达到50～100g，这样的大菇一般不收购。在阴雨天，出菇后期，健壮生长的小菇再小都要及时采收，否则继续生长遇到高温高湿天气，子实体很容易软烂，从而失去商品价值。

采收方法：采大留小，用手、刀片、剪刀从菌柄基部整齐切断，留住土内的菌柄基部，以免损伤附近的原基和幼菇。不要采用撬菇的方法，有的基地用尖竹片将子实体从土中整个撬起，放入筐中，在室内再削掉泥脚。子实体在筐中容易与泥土接触，泥沙很容易进入子实体表面的菌肉中，烘干或晒干的过程中，菌肉将泥沙包住，就永远无法将泥沙清洗出来，含有泥沙的菇口感差甚至无法食用。

整理：如图10-37所示。采收后立即进行整理，用刀片削去泥脚，除去病菇、畸形菇、破损菇，按照大小、色泽进行分级晾晒。

图10-37　采收的鲜菇

第十三节　加　　工

羊肚菌鲜菇货架寿命较短，冻库中存放时间不会超过 7d，所以除当天出售的鲜货以外，都要及时进行烘干处理。鲜菇销售适宜在本地进行，远距离销售需要采用冷藏车送到机场，用飞机快速运到目的地。

子实体一般采用烘干的方法进行加工,加热的方式可以是电、煤、柴、蒸汽等。

采收后的子实体先在太阳下曝晒2~3h,使子实体表面的水分被吹干。再将子实体摆放在烘干器的格架上,单层、均匀摆放,放入已经加热的烘干器内。温度为40~50℃,烘干6~8h即可,子实体的水分含量低于15%。无风动的烘干器需要在烘干过程中每小时翻动或抖动一次格架,使子实体受热均匀,如图10-38所示。

图10-38 烘干器的层架

烘干时注意一定不要多层摆放,否则子实体容易软烂。也不要密集摆放,容易导致子实体间相互粘连。

烘干后的子实体立即放入大塑料袋内密封保存。

人工栽培羊肚菌子实体的鲜干比一般为(8~13)∶1,平均是10∶1。前期菇比较干,水分含量较低,为(8~9)∶1;尾菇水分含量较高,为(10~13)∶1。

羊肚菌产品另外的一种销售方式是冻藏,即将新鲜子实体充分清洗,定量放入小容器内,在有水的情况下立即进行快速冷冻,放入冻库内储存,可以销售一年以上。

羊肚菌产品分级标准:

特级:菇形完整,尖顶,黑褐色、灰褐色,含水量低于12.5%,无杂质、破烂、虫蛀、霉变、异味,香味浓郁,朵形完整,棱纹完整,大小均匀,菌肉厚度超过1mm,柄长低于0.5cm,菌盖长度超过4.5cm,直径1cm以上。

一等:菇形完整,尖顶,黑褐色、灰褐色,含水量低于13%,无杂质、破烂、虫蛀、霉变、异味,香味浓郁,朵形完整,棱纹完整,大小较均匀,菌肉厚度超过1mm,柄长低于1cm,菌盖长度超过2.5cm,

直径 1cm 以上。

　　二等：菇形完整，灰褐色、灰色，含水量低于 13.5%，无杂质、破烂、虫蛀、霉变、异味，香味浓，朵形完整，大小不均匀，菌肉厚度超过 0.5mm，剪脚，柄长 1～3cm，菌盖长度 1～2cm。

　　三等：朵形完整，灰色、灰褐色，含水量低于 14.5%，无杂质、破烂、虫蛀、霉变、异味，香味浓，朵形完整，肉厚，削脚，柄长 2-4cm，菌盖长度 1cm 以上。

　　等外级：菇形不完整，菌盖残破，菌柄切口整齐，大小不一。

第十一章 羊肚菌栽培模式

自羊肚菌规模化技术成熟以来，已经发展出多种大田栽培模式。根据是否使用培养料分为：有料栽培、无料栽培模式，大多数栽培者采用的是无料模式，即直接在翻耕后的大田中播种，不需要任何培养料；有料模式是先在大田中撒一定数量的培养料，只有少数栽培者采用，效果很好。

栽培模式的主要区别是搭建棚架的形式有很多种，包括温室大棚、矮棚、高拱棚、简易高连棚、林地、作物或中药材套种、无棚等，大面积使用的是简易高连棚模式。

确定棚架模式的原则有：保温、保湿、防风、防雨、成本低、产量高。

第一节 有料栽培模式

羊肚菌有料栽培模式是在大田中预先挖好的接种沟内填入一定数量的发酵料或灭菌料，把菌种撒在培养料上，覆土，管理出菇的一种方法。这种模式在生产中推广应用得很少，但是产量常常是无料栽培的150%～200%，值得大家尝试。其关键技术是培养料的数量控制，培养料并非越多越好。

大田的培养料不宜太多，培养料数量太大，会导致减产或绝收。

用鸡腿菇、巴西蘑菇的栽培模式，培养料装袋后，灭菌接种。在料袋中培养好羊肚菌菌丝体，脱袋后埋土，不会出菇或偶然在边缘或撒落了菌种的边缘、走道内出菇。20世纪90年代前后3～4年，四川省自然资源研究院的陈惠群团队在青川县、平武县、北川县等地的栽培面积曾达到数十亩，只有部分地段出菇，局部的产量还很高。

笔者在20世纪90年代使用过双孢蘑菇的栽培模式，培养料经过堆制和发酵以后，把培养料均匀铺在畦面上，培养料高度为 10～30cm，播种，覆土，也不会出菇或很少出菇。

用类似于竹荪的栽培模式，将发酵或粉碎的培养料转接铺在畦面上，撒播羊肚菌菌种，覆土，保湿，仍然只会在湿度很高的边缘出菇。云南省曾经栽培数千亩，产量非常低下，如今这种栽培模式已经被淘汰。

经多年大规模的实践证明，羊肚菌只适合在土壤空间中有机物浓度很低的情况下，才能够大量形成子实体。

一、大田培养料配方

培养料用量：干料用量为 400～1000kg/亩，即每 1 米长的播种沟内有 0.5～1kg 的干培养料，湿料 1～2kg。

配方 1：细木屑 70%，稻草粉 27%，石灰 1%，磷肥 1%，石膏 1%。

配方 2：粗木屑 25%～30%，草粉 20%～25%，玉米芯粉 20%～25%，食药用菌废料 20%，石灰 1%，磷肥 1%，石膏 1%。

配方 3：粗木屑 25%～30%，草粉 20%～25%，玉米芯粉 20%～25%，生物有机肥 20%，石灰 1%，磷肥 1%，石膏 1%。

配方 4：粗木屑 70%～80%，稻壳 10%～20%，石灰 1%。

配方 5：刨花 50%，草粉 20%，细木屑 27%，石灰 1%，磷肥 1%，石膏 1%。

配方 6：黄豆秸秆粉 60%，木屑 37%，石灰 1%，磷肥 1%，石膏 1%。

另外添加 0.02%～0.03% 的食药用菌栽培专用的中药杀虫剂。

培养料含水量 56%～60%，pH 自然。

以上配方中的木屑、刨花可以是阔叶树，也可以是针叶树，如杉木、松木等，或二者任意比例的混合物。

二、培养料的处理

先将干料加水预湿，然后建堆，堆的厚度为 60～100cm，大堆中央用木棍插一些通气孔，顶部和四周拍打整齐，顶部用薄膜覆盖。堆制发酵 4～5d。堆内温度升高到 60～70℃，揭开薄膜，将料散开透气。

图 11-1　培养料-拌料-装袋

　　把料装入大蛇皮袋，常压灭菌，温度 100℃，持续 10～12h。冷却后运到地中，直接撒入播种沟内，如图 11-1、图 11-2 所示。

图 11-2　培养料的灭菌

三、开沟铺料播种覆土

　　栽培大田整地以后进行下列操作：

　　开畦：畦面宽 100～120cm，走道宽 40～50cm。将走道内的土壤翻到畦面，使走道底部到畦表面的高度达到 20～30cm，整平畦面。

　　开沟：如图 11-3、图 11-4 所示，沿着畦面的横向开短沟或沿着畦面的长方向开长沟，每隔 30～40cm 挖一条"V"字形小沟，沟深 10～15cm，宽 10～15cm。单位面积播种沟的总长度为 1000～1200m/亩。

　　浇水：开好沟后，用水管在沟内喷 1 次大水，用量为 1～3kg/m。

　　铺料：如图 11-5 所示，将灭菌后的大田培养料冷却后，均匀撒入播种沟内，培养料湿料用量为 1000～2000g/m，培养料尽量均匀分布在播种沟的底部。

图 11-3　开沟机开沟

图 11-4　手工开沟

图 11-5　铺料

播种：如图 11-6 所示，500～750mL 体积的瓶装菌种用量为 500～600 瓶/亩，350～450mL 的瓶装菌种用量为 700～950 瓶/亩，500～800g 湿料重量的袋装菌种用量为 500～600 袋/亩。单位沟长湿菌种用量为 200～300g/m。

覆土：如图 11-7 所示，将沟两侧的土壤覆盖入播种沟，中间形成一条新沟，播种沟内覆土厚 20～25cm，使畦面呈波浪状。

图 11-6　播种

图 11-7　覆土

遮盖：用遮阳网、黑色地膜直接盖在畦面上，如图 11-8 所示。

补水：土面变干时，可以适当补水，如图 11-9 所示。

图 11-8　遮盖黑膜

图 11-9　喷水管理

5d 后菌丝会串满表土层，7d 后土面会有白色菌丝体分布，10d 后会变成浅灰白色。手拍土粒会有雾状物飞起，这是羊肚菌菌丝体在土粒表面形成的无性分生孢子，大量形成弹射后会呈雾状。

然后搭建菇棚、摆放营养料袋、菌丝生长阶段管理、出菇期间管理、采收，技术要求如常规方法。

注意事项：培养料的用量一定不要超过 1000kg/亩，不是下料越多产量越高。培养料灭菌一定要彻底，否则容易生长杂菌。最好添加食药用菌专用的中药杀虫剂，防止大田中害虫的发生。营养料袋配方中也最好添加中药杀虫剂。要求在播种后的畦面不覆盖任何材料，如稻草、麦草、点播小麦、移栽油菜、移栽蔬菜等。

第二节　温室大棚栽培模式

选用已经建成的蔬菜温室大棚进行羊肚菌栽培，优点是保温、保湿、防风、防雨、操作简便；可以节省搭建棚架的原料费和人工费；南方、北方均可，羊肚菌产量最高、质量最好，是初学者最佳的投入选择。

全国已经建成的蔬菜温室大棚数量众多，一个普通的县市平均面积都在 5000～10000 亩，甚至数万亩。这些蔬菜温室大棚已经由政府和企业、个人投入大量资金建成，但是很多地方在冬季处于闲置状态，没有很好地利用。羊肚菌栽培者正好选择这个时期进行规模化栽培，可以节省大量资金投入。

蔬菜大棚已经有一层薄膜遮盖，羊肚菌栽培只需要在薄膜上再加一层 6 针遮阳网即可。部分蔬菜大棚还铺设了滴灌、微灌系统，有的薄膜还有开启装置，这些条件都适宜羊肚菌栽培管理。

温室大棚的宽度一般为 6～10m，长度 20～80m 不等。

蔬菜和其他植物收获后，需清除植物的剩余物，地面撒一层石灰，用量为 100～200kg/亩。用小型旋耕机翻 1～2 次，喷洒一次中药杀虫剂之后再耙细一次，使土粒直径小于 5cm，地面平整。最后，用石灰粉划线。

温室大棚内羊肚菌的播种畦面布局：如图 11-10、图 11-11 所示，不管大棚的具体宽度为多少，都在大棚的正中央留一条 60～70cm 的主走道，走道两侧横向开畦，畦面宽度 60～70cm，横向支走道宽度 30～40cm。也可以采用长方向开畦，每棚 3～4 畦，用沟播或撒播均可。

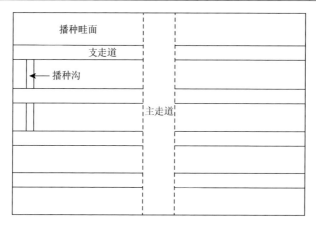

图 11-10　温室大棚内横向开畦示意图

图 11-11　温室大棚内栽培情况

如果采用沟播，需在畦面上挖短播种沟，沟宽 10～15cm，沟深 10～12cm，间距 30～40cm。撒播的则直接在畦面播种，把支走道和主走道内的土壤覆盖在畦面上即可。走道的深度要达到 25cm 以上，防止水分过多，无法排水。

在中央主走道上方或地面安装一根微喷带，对全棚进行水分管理。

第三节 矮棚栽培模式

在平原地区、丘陵地区，特别是地块狭长的山区，都可以考虑搭建矮棚进行羊肚菌栽培。一般采用长方形的矮棚比较方便。矮棚的优点是：防风、保温、保湿、抑草、操作方便，永远不垮塌，出菇早、产量高。缺点是操作稍微麻烦一些，用工成本稍高。

操作流程：整地→划线→挖沟→播种→盖遮阳网→摆放营养料袋→搭架→盖遮阳网→盖薄膜→管理→出菇。

矮棚的规格：宽 100～120cm，高 50～60cm，长度不限。走道 50～60cm，走道深度 20～30cm，如图 11-12 所示。

图 11-12　矮棚栽培模式

材料：钢筋：直径 8～10mm，长度 2.5～3m，200～250 根；或钢管 10～20cm，长度 2.5～3m，200～250 根；或竹竿和树干择其一，直径 10～15cm，长度 80～100cm，1500～2000 根；或 PVC 管，直径 2～4cm，长度 2.5～3m，400～600 根等。PVC 管的结实程度不足，连接口容易破损。遮阳网：密度 6 针，幅宽 2.8～3.5m，总长度 500～550m。白色厚薄膜：幅宽 2.8～3.0m，总长度 500～550m。

搭架：如图 11-13、图 11-14 所示。可以用钢筋、钢管将 250～300cm

长的原料直接加工成"门"字形的框,两端插入地面 30～50cm,间距 2～4m,相邻框之间用细竹竿、钢索连接成为整体,框上再搭 6 针遮阳网,冬季需在遮阳网上再遮盖一层厚薄膜保温。用 80～100cm长的粗竹竿、树干做立柱,插入地面 30～40cm,相互间用细竹竿连接,捆扎牢固,架上盖遮阳网和薄膜。

图 11-13 搭架

图 11-14 盖遮阳网和保温膜

水分管理方法： 如图 11-15 所示，可以将遮阳网从棚架的两侧卷起放在顶部，从棚架的两侧喷水。也可以在棚架上直接喷水。

图 11-15　喷灌系统

出菇情况如图 11-16～图 11-18 所示，沟播的一般成行出菇，产量可以达到 200～300kg/亩。

图 11-16　成行出菇情况

图 11-17　单行出菇的情况

图 11-18　沟内出菇的局部

第四节　简易高连棚栽培模式

近年来，全国 80% 以上的栽培者都采用简易连棚模式进行栽培，如图 11-19 所示。该技术起源于大面积的竹荪、灵芝的栽培技术。其优点是：成本低廉，搭棚速度快，可以将几亩、几十亩甚至上百亩搭建成为一个整体，栽培操作管理方便，非常壮观。缺点：特别容易垮塌，不保温、不保湿、不防风、不防雨，产量无保障。

图 11-19　成片的羊肚菌简易高连棚

一般把同一等高线的田块连接成一个大的简易大棚。单个大棚的面积一般不要超过 10 亩以上，太大的容易垮塌。

架材：大竹竿、细竹竿、树干、钢管、水泥柱等。立柱：用直径 10～20cm 的大竹竿、5～10cm 的树干、4 或 5cm 的钢管，高度为 2.5～2.6m。柱间距为 3～4m，在田间均匀分布，总数量需要 45～60 根/亩；(8～10)cm×(8～10)cm 的水泥柱间距为 6～8m，数量为 25～30 根/亩。遮阳网：幅宽 8～12m。

搭棚操作流程：

时间：在整地或播种以后搭建大棚。

划线：石灰粉划线，立柱的间隔为 4～5m，均匀布点，在田中画出方格网。

立柱安装：立柱要埋入地面以下 50cm 以上，以求稳固。地面以上的高度为 2～2.5m。每根立柱下有 1～2 根斜柱支撑，如图 11-20 所示。

重物吊坠：如图 11-21 所示，用蛇皮袋装入泥土，装土量为 10～20kg/个，用绳索捆绑固定在立柱的中上部。也可以在后期把营养料袋装入蛇皮袋中，吊在立柱上。

顶部方格网连接：如图 11-22 所示。立柱顶端可以预先用电钻打成十字孔。用细铁丝或细钢索将立柱顶部连接成为方格网，使方格网的十字交叉处位于立柱的顶端。立柱顶端与方格网用细铁丝牢牢捆绑。

图 11-20 搭棚的立柱和铁丝方格网

图 11-21 立柱上的吊坠

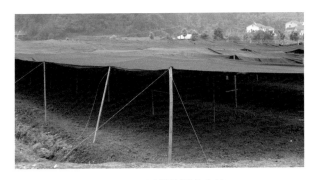

图 11-22 四周的固定拉线

大棚四周固定：在大棚外面，用斜方向的铁丝或钢索将大棚四周的每一根立柱牢牢固定。

盖遮阳网：如图 11-22 所示。尽量购买幅宽 8m、12m 的 6 针遮阳网，单幅铺在顶部方格网上，单幅之间的连接处用细丝绳缝合牢固，使大田上的方格网成为一个整体。方格网的十字交叉处适当固定。大棚外面四周边缘用泥土压实。

此外，还可以在遮阳网顶部加一层十字型、米字型的方格网固定。

铺设水管系统：如图 11-23 所示。在田间铺设微喷水管系统，便于水分的管理。主水管设在田边，每隔 1～2 畦要有 1 根喷水管道，每根喷水管上都安装一个开关，便于单管喷水管理。

图 11-23　喷水系统的布局

搭建小拱棚：如图 11-24 所示。最好的办法是，与竹荪、灵芝栽培一样，在大棚内的畦面上，用竹片或钢条搭建一个小的薄膜拱棚。其作用是保温、保湿、压草、防雨，可以提前 15～20d 出菇，延长出菇期，让产量有所保障。水管可以铺设在畦面的中央，进行微喷、滴灌。

播种后 7～10d 摆放营养料袋，在立杆上悬挂黄板防止害虫大量发生，如图 11-25、图 11-26 所示。简易大棚出菇操作管理比较方便，如图 11-27、图 11-28 所示。但缺点是不防雨水，如图 11-29 所示。被雨水冲刷后可能出现局部不出菇，如图 11-30 所示。因此，最好在畦面搭建小拱棚，如此可以有效防止雨水冲刷，提前 10～20d 出菇。提高产量。

图 11-24　简易连棚内的小拱棚

图 11-25　简易连棚内立放营养料袋的
　　　　　情况

图 11-26　简易高连棚平放营养料袋的情况

图 11-27　简易高连棚出菇情况

图 11-28　出菇情况

图 11-29　出菇情况

图 11-30　雨水冲刷的情况：局部不出菇

第五节　高拱棚栽培模式

因为简易大棚很不稳固，容易被风吹垮，规模小的栽培地最好搭建单个的高拱棚进行栽培。

如图 11-31 所示。与蔬菜温室大棚搭建方法相同，大棚宽 6～10m，根据栽培地块确定长度。建议栽培者使用薄膜+遮阳网进行遮盖，或用双层遮阳网进行遮盖，一般不要使用单层的遮阳网。

棚内的栽培操作与蔬菜温室大棚相同，如图 11-32、图 11-33 所示。

图 11-31　钢架大棚内的喷水系统

图 11-32　钢架拱棚内部

图 11-33   钢架拱棚外观

第六节   林地栽培模式

在果树、林木的行间可以进行羊肚菌的间作。操作流程如下：

清理杂草：人工清理各种杂草和杂物。

整地：用小型旋耕机或人工翻地，耙细大土块，平整地面。

作畦：根据具体的行间距离起畦，畦面宽度为 60～70cm，树木的行间作 1 或 2 条畦，如图 11-34、图 11-35 所示。

图 11-34   果树行间栽培

图 11-35   果树行间栽培的畦面

播种：沟播或撒播。

搭建小拱棚：在畦面上用竹片搭建小拱棚，覆盖薄膜和遮阳网。

铺设水管系统：在地边架设主水管，畦面之间铺设喷水管。

挂遮阳网：直接把遮阳网挂在树干上。

第七节　无棚栽培模式

无棚栽培就是在露地直接起畦播种覆土，利用畦面遮盖遮阳网保湿出菇。

该方法非常简便，就是产量缺少保障，如图 11-36～图 11-39 所示。

图 11-36　大田露地栽培

图 11-37　大田露地栽培

图 11-38　露地出菇子实体倒伏

图 11-39　露地栽培出菇情况

少量的确认菌株的出菇与否的试验可以采用这种方法。成本低，管理操作十分方便。

第八节　植物套种栽培模式

一、油菜地套种羊肚菌

油菜的生长季节与羊肚菌基本同期。油菜用宽行进行栽培，行距为 60～70cm，行间可以播种羊肚菌，最好用黑膜直接覆盖。按常规方法进行管理。缺点是：羊肚菌出菇时，油菜已经封行，人工操作的空间很小，操作非常不方便，如图 11-40 所示。

图 11-40　油菜地套种羊肚菌

二、重楼地套种

重楼是多年生药用植物，栽培过程中搭建了与羊肚菌栽培模式相同的简易连棚。重楼的行距正好适合羊肚菌栽培，播种后直接盖上黑色地膜，保温、保湿、压草，出菇期间揭开地膜保湿出菇。只是重楼栽培的畦面铺了较多的木屑，需要预先对木屑进行防虫处理，否则羊肚菌的产量不会很高，如图 11-41、图 11-42 所示。

图 11-41　重楼套种羊肚菌

图 11-42　重楼套种羊肚菌出菇情况

　　在其他木本药材的行间也可以栽培羊肚菌。最好在行间搭建小拱棚、微拱棚进行栽培出菇。

第十二章　室内周年化栽培技术

第一节　设施设备

羊肚菌室内栽培一般是反季节栽培，最终目标是实现工厂化周年栽培。可以满足新分离的羊肚菌菌种出菇试验需要，技术完全成熟以后可以进行周年化商业栽培，以满足新鲜羊肚菌产品周年供应市场的问题。室内周年化栽培设施设备如下：

房间：普通砖混结构、工业保温板结构的房间，大小根据生产需要而定。一般为长方形，中央作为主要的走道，两侧安放出菇的床架。出菇试验的菇房可以是 $10\sim20m^2$，规模化生产用的房间面积应尽量大，最大可以达到 $200\sim500m^2$。

制冷设备：工业制冷机、工业空调，控温范围为 $10\sim22℃$。

栽培筐：一般选用 $(20\sim40)cm\times(20\sim50)cm\times(15\sim20)cm$ 的塑料周转筐，同一个场地最好选用同样大小的、底部都有均匀的方格网孔洞，以便排水。要求用硬质材料做成，便于搬运不破损。

床架：用角钢焊接而成，应尽量牢固不要选用竹木材料。摆放周转筐的床架的宽度：能摆放 2 个周转筐，一般为 $60\sim100cm$；层间距：$40\sim50cm$，便于人工操作。直接装土的床架：宽度 $80\sim100cm$，层间距 $40\sim50cm$，中央有隔板分开，分成 2 个畦面，隔板距离 $5\sim10cm$。最底层离地面的高度 $20cm$，顶层距房顶 $50cm$。

管水系统：要求采用喷水系统、加湿器，用于控制土壤的水分和空气的相对湿度。

土壤堆放、处理场地：地面水泥硬化，面积根据需要而定。最好做成斜坡状、浅水池状，以免泥水乱流，便于泥水的收集。

菌种、营养料袋：根据生产需要随时制备。

菌株选择：室内商业化栽培尽量选择大朵型的菌种，如六妹羊肚菌。

灯带：LED 灯带，安装在床架层下。用于照明和羊肚菌子实体形成过程的光诱导。

照明系统：室内照明。

工具：小型装载机，用于周转筐的搬运；全自动上土机。

第二节　土壤的处理方法

一、土壤的选择

土壤质地要求：最好选择壤土或沙壤土，不要选择黏土。

土壤种类：有水稻的地方最好选择水稻土，无水稻土的地方选择旱地土壤，有原始森林的地方用自然的森林土壤。不宜选用害虫较多的土壤，如菜园土、花园土。

河泥、塘泥：自然江河、溪沟、水库、塘堰中的淤泥可以直接挖出来，堆放，在自然条件下晾晒，干燥后粉碎成小土粒，再经杀虫处理以后可以直接使用。

注意：不要选择有重金属、核素、石油、农药污染嫌疑的土壤。如污水处理厂的污泥、化工厂周围的土壤、金属矿山周围的土壤、磷矿废渣土、城市污泥等等。

二、土壤的处理方法

蒸汽处理：将土壤搬运到场地内，拌入 0.05%～0.06%的专用中药杀虫剂，堆成一个长方体，中央间隔 40～50cm 打通气孔，直径 5～10cm，薄膜覆盖严实，在多点通入 100℃的水蒸气处理 1～2h，冷却后，立即装筐或上架。

微波处理：将土壤搬运到场地内，拌入 0.05%～0.06%的专用中药杀虫剂，装入大袋内，在微波处理机上处理 20～30min。

堆制发酵处理：将土壤搬运到场地内，拌入 0.05%～0.06%的专用中药杀虫剂，堆成一个长方体，中央间隔 40～50cm 打通气孔，直径 5～10cm，薄膜覆盖严实，处理 7～10d。

厌氧发酵处理：将土壤搬运到场地内，放入水泥池内。拌入

0.05%~0.06%的专用中药杀虫剂，1%的天然有机物，如刨花、玉米芯粉、草粉、木屑、树叶、腐殖土等，混合均匀。放水淹没土壤，用薄膜覆盖土面，自然温度下发酵处理3～4月。放掉明水，稍微晾干，备用。

上架前把土壤的水分调节到19%～22%，手搓能够成为光滑的土条，以土不粘手，土条不断裂为度。在室内不再加水调节土壤含水量。

三、装土、上架

把菇房内的杂物清理干净，地面、床架用消毒剂消毒1～2次，一般可以用1%～3%石灰水溶液喷洒或喷淋。再用气雾消毒剂熏蒸12小时。周转筐使用前用常规消毒剂清洗消毒。

将处理好后的土壤直接装筐，土壤厚度为6～8cm最佳，不建议太厚，保持表面平整，上架。床架底部铺设双层6针遮阳网，喷洒常规消毒剂，再把土壤平铺上去，土壤厚度仍为6～8cm，不要太厚，表面平整，如图12-1所示。

图12-1 室内筐栽

一个菇房上土工序完成以后，关闭门窗。

消毒处理：在制冷剂处于关闭状态下，用气雾消毒剂熏蒸10～12h，可以适当加大消毒剂的用量。

第三节 栽 培 管 理

一、菌丝培养阶段的管理

将菌种掏出，把菌种均匀撒在土层表面，用竹篾或铁耙子将菌种与表层 2～3cm 的土壤混合均匀；或将菌种撒在土层表面，再覆盖一层 1～2cm 厚的细土。表面平整或呈龟背形。湿菌种的用量为 300～500g/m^2。

播种后在土面覆盖一层农用微膜，主要作用是保持土壤的水分。

第 1～20d 将菇房的温度控制在 18～21℃，第 21d 后控制在 12～18℃，空气相对湿度控制在 75%～85%之间。

在床架立柱上悬挂黏虫的黄板，防止害虫的发生和危害。

营养料袋：如图 12-2 所示。播种后第 4d 摆放营养料袋，揭开微膜，框式栽培每框摆放 1 个，床式栽培则在床面中央间隔 30～40cm 摆放一个。摆好营养料袋以后继续覆盖微膜，也可以采用著者的无营养料袋的专利技术。

图 12-2　室内床栽的发菌情况和营养料袋

培养期间注意检查土壤含水量，一般不要低于 20%，低于 20% 要及时补水。

补水的方法：周转筐栽培可以将小塑料管插入土层中，从塑料管上进行灌水；床式栽培的可以在床面上安装微喷带管水。

接种后 3～4d 羊肚菌菌丝布满土面，一周内长满全部的土壤，并在土面形成分生孢子粉。一般培养 25～40d 子实体原基在土面开始形成。

二、子实体培养阶段的管理

土面开始形成原基以后，揭开土面的微膜，使用周转筐栽培的需在周转筐筐口覆盖 6 针的双层遮阳网保湿，使用床架栽培的可以在土层上方悬挂遮阳网。

图 12-3　室内出菇的幼菇

菇房温度控制在 12～15℃，用加湿器保持空气湿度在 85%～90% 范围内。

土壤中适当补水，使土壤湿度保持在 20%～22%，使土表面有少量青苔出现为佳，如图 12-3 所示。

子实体生长的时间一般为 15～25d，随着子实体的长大，每天可以用加湿机增加湿度 2～3 次。

室内用工业制冷机、空调等控制温度，主要的问题是风速较大，通气状态良好，但是容易损失土壤表面的水分，导致原基容易死亡，子实体菌盖变尖或变小。因此需要在周转筐、床面的上方用遮阳网遮盖，保持土面的水分不过量蒸发，土层上方子实体生长的空间空气湿度较大，有利于子实体的形成、发育和生长，如图 12-4～图 12-6 所示。

室内栽培的采收期可以达到 30～50d。按照正常标准采收。

正常情况下，室内栽培的子实体数量可以达到 10～20 个/0.1m²，一个 0.2～0.3m² 的周转筐内可以出菇 20～50 个。

采收完成以后，将周转筐移到室外，清理。床式栽培的可以从层架的一侧拉动遮阳网，移出土壤。清理完土壤后，彻底清洁菇房，进行消毒处理。再继续上土进行下一个周期的栽培。

图 12-4　水分管理状况

图 12-5　室内栽培的原基

图 12-6　室内出菇情况

以 90d 为一个周期，每年可以进行 4 批次的栽培。

室内栽培的一个重要问题是容易发生虫害，包括线虫、跳虫、螨类、多脚虫等，如图 12-7 所示。病害主要有黏菌、霉菌发生。一旦发生，就无法控制，这是导致出菇失败的主要原因。土壤、菌种培养料、营养料袋的培养料等，在加入培养室或出菇房之前，都必须用食药用菌专用的中药杀虫剂处理，预防害虫的发生。

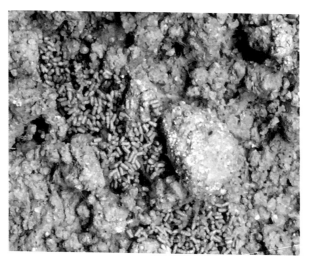

图 12-7　室内栽培的虫害：害虫的粪便

室内栽培原基形成快，数量多，但很难做到高产。子实体发育问题很多，如原基容易死亡、幼菇容易软腐，菌柄发育畸形，菌盖很小菌柄很大，菌盖顶端空口，子实体商品性欠佳。应该注意不要让制冷机、空调的风直接吹拂土面和幼菇，在筐表面、床面加盖遮阳网或薄膜防风，不要直接在土面喷水，可以采取土内直接灌水，空气加湿的方法加以解决。

第十三章 病虫害防治技术

羊肚菌栽培系统是一个非常开放的系统，必须把菌种撒播在未经过任何杀菌、杀虫处理的大田土壤中。栽培过程完全与天然的土壤、大气、水体等自然环境接触，环境中有大量的微生物、动物、植物活体，羊肚菌菌丝体、子实体必然会与这些环境中的生物体接触。羊肚菌栽培的温度、湿度条件又提供给这些生物体一个最佳的生长环境，它们也会大量地生长繁殖，因此环境中的生物体常常对羊肚菌造成非常大的危害，导致羊肚菌菌丝体、子实体生长的各个阶段都会出现各种各样的生理性病害、病害、虫害、草害等。

第一节 不出菇问题

每年的试验性栽培、规模化栽培都大面积出现不出菇、产量很低等问题，对投资者是毁灭性的打击。出现这些问题的原因很多，最大的可能性是菌种、栽培管理的问题，如图 13-1、图 13-2 所示。

图 13-1　3 月上旬还没有形成子实体的田块

图 13-2　不发生分生孢子粉的田块

一、菌种问题

现代商业化栽培食药用菌已经有 100 多年的历史，大家熟知的一个原理是：任何食药用菌的菌种都是通过子实体组织分离、孢子分离得到的，任何分离物都会出菇，该技术已经是人人会做、人人在用。但是，羊肚菌是一个例外，很多分离物都不会出菇。

（一）野生菌株

年年都可以采集到大量的野生羊肚菌标本，经过组织分离、孢子分离或混合分离即可得到纯菌种，而有的生产者经常将其用于规模化栽培，出现大面积不出菇的问题，损失惨重。出现这一问题的主要原因是羊肚菌属的很多物种是与植物共生的种类，纯培养条件下菌丝体、菌核、分生孢子都可以正常形成，但就是不出菇。而栽培成功的梯棱羊肚菌、六妹/七妹羊肚菌、Mel-21 等都是纯土腐生的营养类型。所以热衷于采集野生标本分离栽培的试验者、研究者一定要小心，不要把这些菌株盲目用于大规模生产。

能够出菇的野生羊肚菌种，有的本身的产量就很低，如近 5 年驯化成功的野生新物种：Mel-21，有多个机构都进行了成功驯化，但出菇数量都达不到 10 个/m²，由此可见这一物种并不适宜进行规模化栽培。

（二）栽培菌株

年年都大量地使用已经栽培成功的子实体分离羊肚菌菌种，也常常出现大面积不出菇的问题。因为采集标本的时间都是没有达到性成熟的子实体，子实体没有产生子囊孢子。如果在进行分离时，分离操作人员恰好只取到菌肉组织上的不孕细胞，没有取到紧密层的可孕细胞，就易导致全部都不出菇。不孕细胞发育的菌丝与可孕细胞发育的菌丝在形态上是没有任何区别的，有时其菌核数量可能还更多，更让人相信它是可以出菇的菌株，误导栽培者大量使用，造成不出菇的严重后果。

不出菇的菌株在栽培过程中最容易表现出的情况是，在正常或偏干的水分管理条件下，如图 13-3、图 13-4 所示，畦面大量形成浓密、白色的羊肚菌菌丝体，分生孢子粉数量很多，手拍呈清晰的孢子云。这样的菌株即使出菇产量也会很低。

图 13-3　土表形成大量分生孢子的菌株出菇困难

图 13-4　土表形成浓密菌丝菌株的局部

（三）季节问题

很多人认为羊肚菌菌种与蛹虫草不出菇现象有同样的原因，即都是菌种老化、退化、结菇基因丢失等原因造成的，每次栽培都只能够使用重新组织分离的菌株才能够保证出菇。但是，事实上经多年保藏的可以出菇的羊肚菌菌株在正常情况下依然可以连续出菇，著者有一个保藏菌株，连续使用了5年产量仍然很高，由此可见，羊肚菌菌株退化的可能性较小。

有些在秋天出菇的种类，如秋天羊肚菌，著者经过大量试验发现，这一类羊肚菌在春季都没有出菇。

（四）管理问题

有些菌株在保温大棚、小拱棚内出菇正常，产量很高；在简易大棚内不出菇，或晚出菇且产量很低。

二、栽培技术问题

（一）水害

采用淹没、漫灌等方法管理水分，水渍状态在24h以上，导致土壤含水量过高。湿土含水量超过25%以后，土体菌丝层缺氧，菌丝体死亡，就很少出菇或不出菇，如图13-5所示。

图13-5　泡田法：不出菇

　　最好的方法是：在走道内放跑马水进行流水灌溉，水流只在走道内流动 2～3h，使畦内土层不积水。

　　（二）干旱

　　土壤干旱，喷水过迟，含水量达不到 16%，一般不会出菇，如图 13-6 所示。

图 13-6　干旱

　　（三）冻害

　　土层温度低于 0℃，形成冻土，时间超过 24h，原基和幼菇都会死亡；时间超过 3～5d，可能会推迟出菇或不出菇。2015/2016 年度，南方羊肚菌主产区，四川、重庆、贵州、湖北、云南等省市，出现数十年不遇的冻害极端天气，导致上万亩羊肚菌减产或绝收，损失巨大。

　　（四）高温

　　土层温度超过 15℃，气温连续 2～3d 超过 20℃，形成的原基大量死亡，超过 22℃，正在生长的大菇也会死亡。南方各地在每年 3 月中旬、下旬，局部地区的气温突然有 1～2d 超过 25℃ 的情况出现，常常导致不出菇的情况大面积发生。

(五)营养料袋

有的栽培者不摆放营养料袋，也不做其他任何形式的处理；或在播种后 2～3 个月才摆放，时间过迟，都会导致不出菇。营养料袋灭菌不彻底，导致土内的羊肚菌菌丝不向上长入营养料袋内，大量营养料袋污染链孢霉和其他杂菌，结果出菇很少，甚至完全不出菇。

(六)底料过多

食药用菌栽培者、研究者都有一个定律性的经验，根据大多数食用菌栽培的一般原理，料越多出菇越多。有的栽培者过度相信底料的作用，认为底料越多羊肚菌也会越高产，把培养料的用量加大到了 2～3t/亩，甚至有的把生物有机肥的量用到了 5t/亩，结果是菌丝体雪白，一个子实体都没有，出菇的产量也非常低。

羊肚菌低产量也是一个普遍的问题。很多栽培者的产量很低，甚至有的机构的菌株 10 年来产量都很低，多年的产量只有 1～50kg/亩。可能的原因有：菌株本身的问题；一系列管理方面的原因，包括温度、水分、空气相对湿度、营养料袋、底料等的数量和时间。

三、人为破坏

这是一个极端的案例。2016 年春天，陕西省宁强县曾经发生一起人为破坏的案件，犯罪嫌疑人在羊肚菌地中撒食盐导致不出菇。

第二节　生理性病害

一、原基、幼菇死亡

原基、幼菇死亡的现象相当普遍，如图 13-7 所示。自然原因有低温冻害、渍水、干风吹袭，因此栽培者应该注意保温，防止雨水溅起，不要让干热风吹袭出菇的畦面。人为原因有水淹、喷水过度，一般不要采用畦面漫灌的方法管理水分，原基形成期间、幼菇没有 2～3cm 大小之前一般不要直接向畦面喷水即可。

图 13-7　原基红褐色：死亡

　　原基、幼菇死亡后，应该针对致死原因，进行妥善管理，5～7d
后又会出现新的一批原基，继续形成产量。

二、尖顶菇、圆头菇

　　子实体顶端发育不全，形成尖突状、圆头状、顶部空心等畸形菇，
13-8 所示。

图 13-8　圆头、尖顶子实体

　　主要原因是受连续多日的晴天、高温、风吹等恶劣条件影响，阳
光直射菇体，干热风袭击所致。尤其在简易连棚边缘、门口、破洞口
等地方，空气相对湿度过低，畸形菇最容易发生。

　　在出菇期间，应采用双层遮阳网，防止阳光直射，这样能够有效
地防止这类情况的发生。

三、倒伏

　　生长正常的子实体常常出现倾斜、倒伏的现象，如图 13-9 所示。

主要原因是土层表面 10～20cm 的空间相对湿度过大，喷水过程中子实体菌盖吸水过多；菌柄基部被虫蛀；子实体已经老化等原因。在畦面播种小麦，杂草过多的地块最容易出现。

图 13-9　子实体倒伏

四、干瘪

子实体未长大就干瘪了，如图 13-10。主要原因是水分不足，气温过高等。要及时适当补水。

图 13-10　子实体干瘪

第三节 竞争性杂菌

在羊肚菌栽培的畦面，常常出现各种大片菌丝体、大型子实体的竞争性杂菌。这些菌种本身就存在于土壤、灭菌不彻底的菌种培养料、灭菌不彻底的营养料袋的原料中，羊肚菌菌丝体和子实体的培养条件都适合这些物种的生长，容易形成其子实体，羊肚菌栽培过程不是一种纯培养的过程，也会出现各种各样的蕈菌。

一、土面杂菌

播种以后在畦面会出现点状或局部的杂菌感染，如根霉、毛霉、青霉、木霉、镰刀菌等，如图 13-11、图 13-12 所示。可以在感染部位撒

图 13-11 土面的羊肚菌、杂菌的菌丝体

图 13-12 毛霉

石灰粉覆盖，压制住霉菌菌丝体的扩展和继续侵染；或揭开薄膜适当通风，降低表面土壤的含水量，抑制住杂菌的生长。

二、营养料袋上的杂菌

营养料袋放在畦面上以后，因为打孔、划口，已经成了开放的状态，土壤表面的各种微生物容易侵入菌袋，导致袋内生长杂菌，

如图 13-13 所示。更多的原因是营养料袋灭菌不彻底，从料袋内部长出各种杂菌。更有甚者，营养料袋摆放在畦面上以后，小麦还在发芽生长。

这就要求营养料袋彻底进行灭菌，具体操作可以在原料配方中加入杀菌剂，提高灭菌成功率。

图 13-13　营养料袋上的杂菌

采用筐式灭菌法，即把营养料袋放在灭菌筐内进行灭菌，而不应该是大多数菌种生产者采用的大袋式灭菌法，把营养料袋装在大蛇皮袋中进行的灭菌，这种方法由于过度的挤压，肯定达不到好的灭菌效果。

更不宜采用未灭菌的木屑、草粉、谷壳、废料等原料散放在畦面。这样会产生更多的杂菌污染，即使出菇，产量也很低。

三、核盘菌

羊肚菌子实体形成前后，大田中最容易出现的蕈菌就是核盘菌，如图 13-14、图 13-15 所示。少量的出现，可以把它当成一个羊肚菌出菇的信号菇，它一旦出现，表明羊肚菌子实体很快就会出现了。一般大量发生在播种了小麦的羊肚菌田块、有机质非常丰富的土壤、培养料添加过多的田块中。一般不需要采用人工控制的方法消除，任其自然生长便可。

该菌是所有土壤中普遍存在的一种大多数植物的病原菌，如油菜的菌核菌。

图 13-14 核盘菌的子囊果

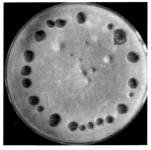

图 13-15 核盘菌子实体和纯培养形成的菌核圈

学名：***Sclerotinia sclerotiorum*(Lib.) de Bary**，*Vergl. Morph. Biol. Pilze*(Leipzig)：56(1884)。

分类地位属于：真菌界 Fungi，子囊菌门 Ascomycota，盘菌亚门 Pezizomycotina，锤舌菌纲 Leotiomycetes，锤舌菌亚纲 Leotiomycetidae，柔膜菌目 Helotiales，核盘菌科 Sclerotiniaceae。

子实体形态：菌核表面黑色，颗粒状、不规则棒状、坚硬，大小 1～15mm；内部白色。子囊果单生或丛生，米色、肉桂色或淡褐色，有柄，盘状，地面高度 10～50mm，子囊盘直径 10～20mm，菌柄直径 3～5mm，地下有假根与菌核连接，表面黑色。子囊圆柱形，(120～140)μm×11μm，孢子通常 8 个，单行排列，椭圆形，(8～14)μm×(4～8)μm，侧丝细长，线形，无色，顶部较粗。

培养特征：菌丝体纯白色。培养后期在培养皿中形成菌核圈。菌核近球形，直径3～8mm。

四、黄柄盘菌

这是一种营养料袋灭菌不彻底的情况下出现的盘菌，大量的子实体首先在营养料袋的表面形成，有时能够长满整个料袋的表面。然后在营养料袋下面的土壤表面发生，一个营养料袋周围的土壤上大量生长，面积可以达到(10～20)cm×(10～20)cm，甚至更多，达到数百、上千个子实体。由于其菌丝大量串入土壤中，形成了明显的竞争优势，基本上不会形成羊肚菌的子实体。

菌种来源可能是营养料袋原料中的腐殖土，腐殖土来自山区，里面有它的菌丝、孢子或菌核。灭菌后杀死了大多数霉菌，成为了这种杂菌的选择性培养基，使其大量发生。所以，培养料里面最好不要添加腐殖土。

子实体状态：如图13-16所示。子囊果单生、群生，有短柄。子

图13-16　黄柄盘菌

囊盘浅盘状，黄色、鲜黄色，内表面光滑，外表面有细刺突，直径5～22mm，盘深1～4mm，边缘有刺突；菌肉脆，厚度1～4mm。菌柄中生或稍偏生，长 1～5mm，直径 1～3mm，表面光滑，脆。子囊(130～150)μm×(12 ～ 15)μm，子囊孢子椭圆形，无色，光滑，(13～16.5)μm×(7～8)μm。

五、盘菌

大型的盘菌在山区的栽培基地中容易发生，如图13-17所示。一般数量不大，也可以看成是一种报信菇。

图 13-17　盘菌子实体

拉丁学名：***Peziza vesiculosa***。

分类地位：盘菌科 Pezizaceae，盘菌目 Pezizales，盘菌亚纲 Pezizomycetidae，盘菌纲 Pezizomycetes，盘菌亚门 Pezizomycotina，子囊菌门 Ascomycota，真菌界 Fungi。

子实体形态：子囊果大型，单生或丛生，无柄，盘状。子囊盘肉褐色、褐色，老后黑色，直径2～20cm，近圆形或椭圆形、不规则形，厚度2～5mm。内表面光滑，外面有白色刺突。子囊(300～350)μm×(20～22)μm。子囊孢子椭圆形，无色，光滑，薄壁，(19～22)μm×(12～13)μm。

六、黑盘菌

黑色的盘菌在播种小麦或使用食药用菌废料的栽培田块中容易

发生。一般数量不大，也可以看成是一种报信菇。

七、鬼伞

出现在羊肚菌栽培地中的鬼伞有毛头鬼伞、墨汁鬼伞、小鬼伞等，如图 13-18 所示。原因是水稻、玉米的秸秆剩余物埋在土层中，在保温保湿的羊肚菌栽培条件下，也培养了自然存在于土壤中的各种菌种，春天最容易发生，子实体形成以后很快变成黑色，已经发生自溶。局部发生，可以覆盖一点石灰，防止其扩展。

图 13-18　鬼伞子实体

拉丁学名：***Coprinus comatus*(O.F. Müll.) Pers.**，*Tent. disp. meth. fung.*(Lipsiae)：62(1797)。

在现代分类系统中的地位属于：真菌界 Fungi，担子菌门 Basidiomycota，伞菌亚门 Agaricomycotina，伞菌纲 Agaricomycetes，伞菌亚纲 Agaricomycetidae，伞菌目 Agaricales，伞菌科 Agaricaceae。

形态特征：子实体中到大型，单生、丛生或散生、群生。菇蕾期菌盖圆柱形，连同菌柄状似火鸡腿，鸡腿蘑由此得名。子实体先柱状，后期菌盖呈钟形，最后平展。菌盖呈圆柱形，开伞后边缘菌褶溶化成墨汁状液体，同时菌柄变得细长。菌盖初期白色、灰白色，中期淡锈色，后渐加深成褐色至浅褐色，直径 3～25cm，高 9～27cm，表面初期光滑，后期表皮裂开，成为平伏的鳞片，表面有明显的辐射状条纹。菌肉白色，薄，近膜质，厚度小于 1mm。菌柄白色，圆柱形，较细长，向下渐粗，长 7～30cm，粗 1～3cm，光滑，有丝状光泽，中空，纤维质。菌环乳白色，脆薄，上位，可移动，易脱落。菌褶密集，离生，宽 5～20mm，不等长无分叉，白色，渐变紫红色、紫色，后变黑色，很快自溶流出墨汁状液体。囊状体无色，呈棒状，顶端钝圆，略带弯曲，稀疏。孢子印黑色。孢子黑色，光滑，椭圆形，光滑，脐点和萌发孔明显，（10～18）μm×（8～10）μm。

菌落形态：菌丝体白色，细绒毛状，稍稀疏，具有爬壁性，不产生色素。在各种琼脂培养基上，生长旺盛，直立生长，速度 3～5mm/d。

菌丝形态：菌丝具有明显的锁状联合，菌丝直径 2.0～3.5μm，锁状联合突起 1.0～1.5μm。在液体培养基中生长的菌丝，呈球状，表面有许多刺状突起，实心，菌丝球直径 5～20mm。

另外常见的有墨汁鬼伞：***Coprinopsis atramentaria***（**Bull.**）**Redhead，Vilgalys & Moncalvo**，in Redhead，Vilgalys，Moncalvo，Johnson & Hopple，*Taxon* **50**（1）：226（2001）。

八、裸盖伞

裸盖伞也是一类草腐生的伞菌。在羊肚菌栽培的土层中，稻草没有清理干净，局部有大量稻草堆积，容易发生，形成光滑的菌盖，很快弹射黑色的孢子粉，如图 13-19 所示。在出现很小的光滑子实体时，可以在子实体发生处撒石灰杀灭。对羊肚菌的危害作用不会太大。

学名：***Psilocybe*** sp.。

分类地位：菌物界 Fungi，担子菌门 Basidiomycota，伞菌亚门 Agaricomycotina，伞菌纲 Agaricomycetes，伞菌亚纲 Agaricomycetidae，伞菌目 Agaricales，球盖菇科 Strophariaceae，裸盖伞属 ***Psilocybe***（**Fr.**）**P. Kumm.**，*Führ. Pilzk.*（Zerbst）：21（1871）。

图 13-19　裸盖伞子实体

子实体形态：子实体小型到中型。菌盖宽 1～5.5cm，平展脐凸形，微粘，橙黄色，光滑，肉质，边缘无条纹，幼时有微小菌幕残片。菌肉白色，伤不变色，无味道，无气味。菌褶呈橄榄色，盖缘处 12～15 片/cm，宽 5～6mm，不等长，直生，褶缘波状。菌柄中生，长 3.5cm，粗 0.4～1mm。菌环生柄中部，黑色、单环，易消失。担子粗圆柱形，(26～29)μm×(9.5～12)μm，无色，每个担子有 4 个孢子，小梗长 2～3μm。孢子印紫褐色至栗褐色。孢子淡褐色，柠檬形至椭圆形、六角形，(10～12)μm×(6.5～9.5)μm，光滑。

菌落形态：在琼脂培养基上为白色、灰白色，浓密，环带状，不均匀。生长速度 3～4mm/d。在琼脂培养基上可以直接形成 4 种不同形态的子实体：大型子实体、小型子实体、短柄子实体。都可以产生大量孢子。

粪生裸盖伞在液体培养基和各种固体培养料上均可以出菇，并弹射大量黑褐色孢子。

菌丝形态：直径 2.5μm 左右，具有明显的锁状联合，突起均匀，高度大于菌丝直径，约为 2.5～4.0μm，宽度 5.0～6.5μm。

九、担子菌菌丝体

有的田块畦面上出现一片一片的纯白色菌丝层，如图 13-20 所示。有时能够达到局部面积的 10%～30%。显微镜观察发现菌丝上有锁状联合，表明是一种担子菌的菌丝，原因可能是营养料袋灭菌不彻底，原料中存在的孢子萌发出菌丝；或者是土壤中的担子菌菌丝由于栽培条件适合其生长，使其菌丝大面积发生，成了羊肚菌的一种竞争性杂菌。出现这种情况，羊肚菌还是能够出菇，只是局部的产量会下降很多，出菇的密度也会很低。

图 13-20　羊肚菌畦面的担子菌菌丝体

要有效控制其扩展，可以用石灰盖住白色的菌落，抑制菌丝的生长。

第四节　病　　害

一、镰刀菌

镰刀菌病害是羊肚菌栽培过程中的一种普遍发生的病害，也是羊肚菌大田栽培中危害最大的爆发性病害。

发病特征：羊肚菌子实体生长的各个阶段，子囊果表面出现白色霉状菌丝，白色气生菌丝快速生长繁殖，可以布满羊肚菌菌盖表面，使原基、幼菇直接死亡，子实体软腐、出现孔洞、顶部无法发育、畸形等症状，最后全部腐烂、倒伏，如图 13-21 所示。

发病规律：正常情况下发病率小于 5%；在高温高湿状态下会突然爆发，子实体上的发生率可以达到 50% 以上，子实体失去商品价值，减产 50%～80%。

图 13-21　镰刀菌病害

病原菌：镰刀菌 *Fusarium* spp.，拟青霉。

形态特征：显微镜直接观察白色菌丝，发现有大量镰刀状的分生孢子。

镰刀菌是土壤中普遍存在的真菌，也是大多数栽培植物、野生植物的病原菌。镰刀菌的菌丝、分生孢子、厚垣孢子大量存在于土壤、植物残体中。羊肚菌栽培过程中，子实体必须与土壤接触，其表面或内部必然带上少量的镰刀菌菌体。南方 3 月份的出菇季节，为满足羊肚菌子实体的生长，加大了土壤湿度，空气湿度也特别大，遇到 15～25℃的高温天气，就容易突然爆发，产生危害。

在经过大水漫灌、浸泡的田块，土壤含水量超过 25%，发病率是最高的。土壤含水量相对较低，控制在 20%～22%的田块，发病率低于 10%，含水量低于 20%土粒发白的田块，发病率低于 1%。因此，防止镰刀菌的有效办法就是不要大水漫灌、浸泡土壤，防止雨水直接进入畦面，用低含水量的对策加以有效地防止。子实体上发生的病害，一般无法使用药物进行控制。

二、细菌性腐烂病害

在子实体发生、生长的各个阶段都容易发生细菌性腐烂病，如

图 13-22 所示。在高温高湿的条件下，幼小的原基容易死亡，子实体感病后出现菌柄变红、局部腐烂、发臭、整体倒伏等症状。小菇喷水过量后容易感染细菌，出现菌盖变黄、菌盖尖部枯萎等症状。

　　出现细菌性病害的也无法用药物进行控制。预防的有效办法只有保持相对较低的土壤含水量，土壤绝对不能够过湿。

图 13-22　黄盖发黄、枯萎

第五节　虫　　害

一、蛞蝓、蜗牛

　　南方大田栽培羊肚菌最容易发生的害虫就是蛞蝓、蜗牛，如图 13-23 所示。在菌丝体生长阶段主要是吃土壤表面的菌丝体，在子实体发生阶段咬食菌柄基部和主干，成为一个大洞，表现为子实体倒伏。

图 13-23　蛞蝓咬食后留下大孔，菌柄倒伏

来源：蛞蝓、蜗牛的来源是土壤，水稻田中数量较多，旱地数量相对较少。白天潜伏在土壤内部，晚上出来活动。

防治方法：用四聚乙醛与砂土混合均匀后，人工撒在土壤表面，如图 13-24 所示。蛞蝓、蜗牛爬行过程中，虫体接触到药粒，就会死亡。在播种以后就可以立即撒一次，如果子实体出现以后还有蛞蝓、蜗牛出现，还应该再撒一次药物。

图 13-24　四聚乙醛处理

二、跳虫

跳虫是危害羊肚菌子实体的大敌，个头非常小，宽度 1～2mm，长度不超过 8mm，肉眼要仔细分辨才能够看清楚，如图 13-25 所示。

图 13-25　跳虫的危害

但是其数量惊人，一个子实体上可能生长数千个。它们会啃食菌丝体和子实体，一般从子实体菌柄基部的空洞内进入菌柄内部，可以把内部菌肉吃空，导致子实体倒伏，失去商品价值。

来源：土壤，植物残体，在营养料袋内特别容易大量繁殖。

防治方法：尽量清理掉植物的残茬，畦面不要覆盖稻草、麦草、木屑，也不要播种小麦等或其他的植物，及时清理营养料袋。

三、螨虫

螨虫个体非常小，大小只有 1～2mm，数量巨大。主要危害菌丝体，也咬食子实体。

防治方法：大量发生时可以使用杀螨剂处理畦面。

四、菌蝇、菌蚊

菌蝇、菌蚊的幼虫可以咬食羊肚菌的菌丝体和子实体。

防治方法：大田立柱、顶棚上悬挂粘虫的黄板，或安装诱虫灯进行诱杀，一般不宜使用药物控制。

五、线虫

线虫是土壤内自然存在的常见生物，虫体非常细小，直径不足1mm，长度只有 1～5mm，肉眼难以发现。它们对栽培植物有不同程度的危害。在相对高温高湿的条件下，线虫大量繁殖以后对羊肚菌也会造成严重的危害。它们咬食菌丝体、子实体原基，使羊肚菌栽培产量降低，室内栽培无法出菇。

防治方法：控制土壤湿度。

六、蚰蜒

蚰蜒（*Scutigera* spp.），即多足虫，如图 13-26。它们自然存在于土壤中，菌种培养料、营养料袋培养料、羊肚菌菌丝体和子实体都是它们喜欢的食物，冬季适当增加土温以后会大量繁殖。它们在土壤中大量活动，会影响菌丝体和子实体的生长。

防治方法：同蛞蝓。

七、蚁害

　　有些田块容易出现白蚁、蚂蚁，大量发生以后也会危害羊肚菌菌丝体和子实体的生长。

　　防治方法：可以使用白蚁灵等药物控制，如图 13-27 所示。

图 13-26　多足虫

图 13-27　田块下面的白蚁幼虫

八、鼠害

　　由于大量使用麦粒菌种，导致麦粒、菌丝体的香味等成为吸引各种老鼠主要因素，如图 13-28 所示。老鼠挖食菌种，在土壤中打洞，传播病原菌，危害菌丝体和子实体的生长。

图 13-28　羊肚菌畦面的鼠洞

防治方法：播种后在四周摆放杀鼠药物，或机械捕鼠。

第六节 草 害

杂草、苔藓等植物大量发生的田块，羊肚菌产量一般不会很高，如图 13-29、图 13-30 所示。

图 13-29 草害

图 13-30 苔藓植物过多

主要原因：土壤湿度过大。

防治方法：播种后用黑色、白色薄膜覆盖畦面，可以有效控制杂草的发生。同时，还可适当通风处理，降低土壤湿度。

可供阅读的文献

阿历索保罗 C J, 布莱克韦尔 M, 明斯 C W. 2002. 菌物学概论(第四版)[M]. 姚一建, 李玉主译. 北京: 中国农业出版社.

鲍敏, 曾阳, 张丽英, 等. 2014. 粗柄羊肚菌胞外多糖的体外抗氧作用研究[J]. 食用菌, (2): 63-64.

暴增海. 1996. 张北高原尖顶羊肚菌的生境调查初报[J]. 中国食用菌, (2): 31.

才晓玲, 何伟, 安福全, 等. 2013. 羊肚菌分子分类及人工培养研究现状. 大理学院学报, 12(4): 44-47.

才晓玲, 何伟, 安福全, 等. 2013. 羊肚菌生物活性研究进展[J]. 中国食用菌, 32(5): 7-8.

曹娟云, 任桂梅, 张雪. 2007. 羊肚菌液体培养菌丝体产量与培养液 pH 值的关系[J]. 江苏农业科学, (4): 176-177.

柴林山, 李莉, 冀宝赢, 等. 2010. 羊肚菌 LWY-1 生物学特性的研究[J]. 食用菌, 32(1): 12-14.

车进, 陈德育, 刘芳, 等. 2010. 五株羊肚菌生物学特性初探. 陕西农业科学[J], 56(4): 24-25.

陈大春. 2015. 羊肚菌对生态条件的要求和关键栽培技术[J]. 农业与技术, (6): 6.

陈芳草, 刘兴蓉, 谭方河. 2005. 羊肚菌原生质体育种技术及进展[A]//庆祝中国土壤学会成立 60 周年专刊[C].

陈芳草, 谭方河, 刘兴蓉. 2007. 羊肚菌原生质体制备和再生. 西南农业学报, 20(5): 1097-1100.

陈国梁, 贺晓龙, 高小朋, 等. 2010. 羊肚菌菌丝体总 RNA 提取方法的比较[J]. 北方园艺, (20): 150-151.

陈国梁, 张向前, 贺晓龙, 等. 2010. 五种羊肚菌液体培养过程胞外酶活性变化研究[J]. 北方园艺, (10): 210-213.

陈国梁, 张向前, 周茂林, 等. 2009. 羊肚菌液体培养过程中几种胞外酶活性变化研究[J]. 食用菌, 31(1): 8-9.

陈杭, 郑林用, 赵艳妮. 2014. 我国羊肚菌的资源现状及开发应用[J]. 中国食用菌, 33(2): 7-9.

陈惠群, 刘洪玉, 陈友发. 1995. 尖顶羊肚菌驯化栽培初报[J]. 食用菌, 17(7): 17-18.

陈惠群, 刘洪玉, 杨晋, 等. 1997. 羊肚菌子实体生理特性研究(二): 菌丝发育成子实体的条件[J]. 食用菌, 19(2): 6-7.

陈惠群, 刘洪玉, 杨晋, 等. 1997. 羊肚菌子实体生理特性研究(三): 气候对羊肚菌子实体发生的影响[J]. 食用菌, 19(6): 2-3.

陈惠群, 刘洪玉. 1995. 尖顶羊肚菌生物学特性的研究[J]. 食用菌, 17(5): 18-19.

陈建军, 伍晓洪, 刘振乾. 2009. 羊肚菌生态位及其培养技术研究[J]. 安徽农业科学, (2): 638-639, 642.

陈军, 曾家豫, 唐思伟, 等. 2003. 黑脉羊肚菌培养条件选择及原生质体的制备[J]. 西北师范大学学报(自然科学版), 39(4): 74-79.

陈莉, 孙永海, 付天宇, 等. 2014. 羊肚菌胞外多糖快速估测方法[J]. 吉林大学学报 (工学版),
　　44 (2): 567-572.

陈立佼, 柴红梅, 黄兴奇, 等. 2011. 尖顶羊肚菌单孢菌株群体培养特性研究[J]. 生物技术, 21 (6):
　　63-70.

陈立佼, 柴红梅, 黄兴奇, 等. 2011. 羊肚菌属真菌菌丝及菌核多态性研究进展[J]. 中国食用菌,
　　30 (2): 3-7.

陈立佼, 柴红梅, 黄兴奇, 等. 2013. 尖顶羊肚菌遗传多样性的 AFLP 分析[J]. 食用菌学报, 20 (2):
　　12-19.

陈立佼, 王芳, 赵永昌, 等. 2013. 羊肚菌产菌核菌株与不产菌核菌株胞外酶活性比较[J]. 农业科
　　学与技术 (英文版), (10): 1392-1396, 1408.

陈强, 廖德聪, 张小平, 等. 2003. 用 AFLP 分析珍稀食用菌—松茸遗传特性的初步研究[J]. 中国
　　农业科学, 36 (12): 1588-1594.

陈彦, 潘见, 周丽伟, 等. 2008. 羊肚菌胞外多糖抗肿瘤作用的研究[J]. 食品科学, 29 (9): 553-556.

陈影, 唐杰, 彭卫红, 等. 2016. 四川羊肚菌高效栽培模式与技术[J]. 食药用菌, (3): 151-154.

陈豫. 2000. 羊肚菌菌丝体在不同培养基中的生长特点[J]. 食用菌, 22 (2): 13.

陈芝兰, 张涪平. 2004. 黑脉羊肚菌菌丝的生物学特性[J]. 食用菌, 6 (6): 6-7.

程水明, 干建平, 刘世旺, 等. 2009. AFLP 分子标记在香菇 F-1 代群体中的多态性及分离方式[J].
　　湖北农业科学, 48 (12): 2922-2926.

程远辉, 赵琪, 杨祝良, 等. 2009. 利用圆叶杨菌材栽培羊肚菌初报[J]. 中国农学通报, 25 (21):
　　170-172.

储甲松, 张扬, 江本利, 等. 2015. 安徽省野生羊肚菌资源调查[J]. 安徽农业科学, 29: 112-114.

崔华丽, 刘增武, 方玉明, 等. 2011. 响应面法优化羊肚菌胞外多糖的发酵条件[J]. 中药材, 34 (5):
　　782-786.

戴璐, 李峻志, 李安利, 等. 2011. 一株秦岭羊肚菌属真菌的分离和分子鉴定[J]. 食用菌, 33 (1):
　　14-15.

邓春海, 王振福, 周建树, 等. 1997. 朝阳羊肚菌的驯化初报[J]. 食用菌, 19 (3): 8-9.

邓叔群. 1963. 中国的真菌[M]. 北京: 科学出版社.

刁治民, 鲍敏, 祝鲜宁. 2001. 羊肚菌菌丝营养生理特性的研究[J]. 青海师范大学学报 (自然科学
　　版), (3): 62-69.

丁翠, 崔晋龙, 刘磊, 等. 2008. 羊肚菌菌核及营养型研究现状[J]. 食用菌, 30 (2): 1-3.

丁健峰. 2014. 羊肚菌富硒深层发酵工艺及产物功能性研究[D]. 长春: 吉林大学.

董淑凤. 1995. 美味羊肚菌人工驯化栽培试验[J]. 食用菌, 17 (7): 18.

杜习慧, 赵琪, 徐建平, 等. 2015. 羊肚菌属内同域分布物种的差异演化, 近交和重组[A]//中国
　　菌物学会. 中国菌物学会 2015 年学术年会论文摘要集[C].

杜习慧, 赵琪, 杨祝良. 2014. 羊肚菌的多样性, 演化历史及栽培研究进展[J]. 菌物学报, 33 (2):
　　183-197.

段巍鹤，郭瑞，张起莹，等. 2015. 羊肚菌活性成分应急性抗疲劳功能的研究[J]. 安徽农业科学，
　　(8)：1-3.

范黎，董雪. 2005. 黑脉羊肚菌菌株的培养特性研究[A]//中国菌物学会药用真菌专业委员会，江
　　苏省南通市人民政府. 首届药用真菌产业发展暨学术研讨会论文集[C].

冯剑岳. 1989. 秦岭山区的羊肚菌[J]. 食用菌，11(2)：7.

冯剑岳. 1989. 秦岭山区的羊肚菌和钟菌[J]. 中国食用菌，(6)：25.

付丽红，王艳萍，杨延瑞，等. 2013. 羊肚菌胞外多糖理化性质及抗氧化活性研究[J]. 食品科技，
　　(11)：184-188.

付晓燕，范黎. 2009. 粗柄羊肚菌原生质体制备及再生技术[J]. 现代农业科学，(5)：35-37.

付晓燕. 2006. 羊肚菌菌丝体培养及菌丝分化研究[D]. 北京：首都师范大学.

江洁，盖萌. 2010. 羊肚菌菌丝液体培养产胞外多糖条件的研究[J]. 食用菌，32(3)：11-13，17.

江洁，贾春蕊，季旭颖. 2013. 羊肚菌菌丝富锌培养抗氧化酶系的研究[A]//中国食品科学技术
　　学会. 科技与产业对接——CIFST-中国食品科学技术学会第十届年会暨第七届中美食品业
　　高层论坛论文摘要集[C].

江洁，沈冰，季旭颖. 2013. 锌诱导下羊肚菌菌丝体金属硫蛋白合成条件的优化[A]//中国食品科
　　学技术学会. 科技与产业对接——CIFST-中国食品科学技术学会第十届年会暨第七届中美
　　食品业高层论坛论文摘要集[C].

江洁，王妍妍. 2009. 羊肚菌菌丝体液态发酵醋的研制[A]//中国食品科学技术学会. 中国食品科学
　　技术学会第六届年会暨第五届东西方食品业高层论坛论文摘要集[C].

江洁，王妍妍. 2010. 羊肚菌菌丝液体发酵醋的研制[J]. 食品工业科技，31(10)：223-225.

高爱华，曲新民. 1989. 羊肚菌液体培养及其成分[J]. 食用菌，(6)：15.

高成华，吴雪. 2006. 羊肚菌菌丝生物学特性的研究[J]. 辽宁师专学报(自然科学版)，8(4)：
　　104-107.

高俊杰. 1997. 泰山羊肚菌生境调查及营养价值[J]. 食用菌，(2)：6.

高明燕，郑林用，余梦瑶，等. 2011. 尖顶羊肚菌菌丝体水提液对实验型胃溃疡的作用[J]. 菌物学
　　报，30(2)：325-330.

葛士顺，张海信，李涛，等. 2011. 羊肚菌的生物学功能及其在运动科学领域的应用展望[J]. 赤峰
　　学院学报(自然科学版)，(7)：142-143.

辜运富，张小平，陈强，等. 2003. 双孢蘑菇种内多态性的 AFLP 分析[J]. 西南农业学报，16(4)：
　　39-43.

桂明英，刘蓓，蒲春翔，等. 2006. 黑脉羊肚菌规模化林地促繁研究[A]//中国菌物学会，中国食
　　用菌协会. 首届全国食用菌中青年专家学术交流会论文集[C].

桂明英，朱萍，郭永红，等. 2002. 尖顶羊肚菌生物学特性初步研究[J]. 中国野生植物资源，21(3)：
　　7-10.

郭相，刘蓓，马明，等. 2010. 羊肚菌营养类型及其在人工栽培中的应用[J]. 中国食用菌，29(1)：
　　11-13.

郭晓蕾.2016.羊肚菌发酵液及其胞外多糖的分析与研究[D].长春：吉林大学.

郭秀英，刘艳霞.2011.农作物秸秆栽培羊肚菌新技术研究[J].商丘职业技术学院学报，10（2）：97-99.

何培新，刘伟，蔡英丽，等.2015.粗柄羊肚菌子囊孢子萌发过程观察及细胞核行为分析[A]// 中国菌物学会.中国菌物学会2015年学术年会论文摘要集[C].

何培新，刘伟，蔡英丽，等.2015.梯棱羊肚菌无性孢子显微观察及细胞核行为分析[A]// 中国菌物学会.中国菌物学会2015年学术年会论文摘要集[C].

何培新，刘伟，蔡英丽，等.2015.梯棱羊肚菌转录组 De novo 测序及菌核不同发育阶段的差异表达基因分析[A]// 中国菌物学会.中国菌物学会2015年学术年会论文摘要集[C].

何培新，刘伟，蔡英丽，等.2015.我国人工栽培和野生黑色羊肚菌的菌种鉴定及系统发育分析[J].郑州轻工业学院学报（自然科学版），（Z1）：26-29.

何培新，刘伟，贺新生，等.2014.粗柄羊肚菌内生真菌多样性研究[J].郑州轻工业学院学报（自然科学版），（3）：1-6.

何培新，刘伟.2010.粗柄羊肚菌分子鉴定及羊肚菌属真菌系统发育分析[J].江苏农业学报，26（2）：395-399.

何培新，楼海军，申进文.2009.郑州市粗柄羊肚菌生境调查分析[J].河南农业科学，30（2）：95-97.

贺晓龙，李敏艳，任桂梅，等.2014.维生素 B-1 对羊肚菌菌丝体生长的影响[J].江苏农业科学，（10）：230-231.

贺新生，侯大斌.1997.世界栽培蕈菌的种类和分类系统[J].食用菌学报，4（2）：54-64.

贺新生，张玲，李玉律.1994.羊肚菌菌丝体培养研究[J].资源开发与市场，10（1）：23-25.

贺新生.1993.羊肚菌研究综述[J].食用菌文摘，9（2）：2-9.

贺新生.1994.中国羊肚菌属真菌[A]//中国菌物学会.全国第五届食用菌学术讨论会论文及论文摘要汇编[C].

贺新生.2007.野生蕈菌生物学基础与栽培技术[M].北京：中国轻工出版社.

贺新生.2010.四川盆地蕈菌图志[M].北京：科学出版社.

贺新生.2013.四川盆地食药用菌图志[M].北京：科学出版社.

贺新生.2014.羊肚菌栽培技术解密[R].中国食药用菌产业年会暨湖北省产业技术大会.

贺新生.2015.现代菌物分类系统[M].北京：科学出版社.

贺新生.2016.羊肚菌栽培关键技术[A]//中国食用菌产业发展大会会议资料汇编[C].

贺新生.2016.羊肚菌栽培技术[R].羊肚菌栽培技术现场观摩交流会暨湖北省食用菌协会2016年年会.

侯集瑞，李玉，图力古尔，等.2001.赤霉素和 α-萘乙酸对羊肚菌菌丝生长的影响[J].吉林农业大学学报，23（4）：41-43.

侯军，范继巧，张华，等.2009.高羊肚菌 MH1 菌株母种培养基的正交优化[J].食用菌，31（1）：21-22.

侯军，林晓民，江芸，等.2009.基于 ITS 序列分析对疑似白羊肚菌株的分子鉴定[J].食品科学，

30(5)：141-144.

侯玉艳, 吴素蕊, 张丽, 等. 2015. 黑脉羊肚菌 SOD 的纯化及特性研究[J]. 食品工业科技, 36(15)：147-151.

侯振彪, 宋过垣. 1995. 东陵地区羊肚菌的生态环境调查[J]. 食用菌, 17(7)：5.

侯志江, 程远辉, 戚淑威, 等. 2011. 不同浓度草木灰对尖顶羊肚菌菌丝生长及菌核形成的影响[J]. 西南农业学报, 24(5)：2020-2022.

侯志江, 李荣春, 程远辉, 等. 2012. 菌种保藏条件对尖顶羊肚菌菌丝生长的影响[J]. 农业科学与技术(英文版), 13(12)：2499-2501, 2510.

胡克兴. 2005. 羊肚菌属及其相关属分子系统学研究[D]. 北京：首都师范大学.

胡彦营, 赵强, 屈虹男. 2015. 羊肚菌液体发酵培养基的优化及发酵液成分分析[J]. 生物技术世界, (9)：8-9.

黄保敬. 2010. 用羊肚菌菌柄基部土壤分离羊肚菌菌种的方法初探[J]. 食用菌, 32(2)：24-25.

黄玲玲, 苏彩霞, 张宗申, 等. 2015. 硒、锌元素对羊肚菌多糖抗氧化性的影响[J]. 食品与发酵工业, 41(7)：122-125.

黄冕, 张松. 2007. 尖顶羊肚菌母种培养基的筛选[J]. 食用菌, 29(6)：32.

黄年来. 1995. 美国羊肚菌栽培研究的进展[J]. 食用菌, 17(7)：2-4.

黄向东, 祁正显. 2011. 羊肚菌的种植与推广[J]. 中国林业, (17)：40-40.

黄韵婷, 赵琪, 李荣春. 2009. 圆叶杨林地栽培尖顶羊肚菌初报[J]. 浙江食用菌, (4)：33-35.

纪亚君. 2010. 羊肚菌研究概况[J]. 青海畜牧兽医杂志, 40(1)：46-48.

贾建航, 李传友, 金德敏, 等. 1999. 香菇空间诱变子实体的分子生物学鉴定研究[J]. 菌物系统, 18(1)：20-24.

贾建会. 1996. 羊肚菌发酵制品保健机理初探[J]. 食用菌, (4)：40.

贾身茂. 1987. 河南省野生羊肚菌的初步考察[J]. 中国食用菌, (4)：23.

金朝霞, 王云龙, 王培忠, 等. 2014. 羊肚菌液体发酵培养条件优化[J]. 大连工业大学学报, (6)：416-419.

金若忠. 1997. 羊肚菌研究进展综述[J]. 林业科技通讯, 12(4)：19-22.

康小虎, 蔡亚东, 孙宜法, 等. 2012. 甘南州尖顶羊肚菌菌丝体液体发酵培养研究[J]. 中国食用菌, 31(6)：40-43.

康晓慧, 贺新生, 张玲. 2002. 双孢蘑菇镰刀菌病害的研究[J]. 植物保护, 28(1)：11-15.

雷艳, 曾阳, 唐勋, 等. 2013. 羊肚菌化学成分及药理作用研究进展[J]. 青海师范大学学报(自然科学版), 29(2)：59-62, 65.

雷艳. 2014. 粗柄羊肚菌多糖提取工艺及药理作用研究[D]. 西宁：青海师范大学.

李飞翔, 张丽, 吴素蕊, 等. 2015. 吲哚乙酸(IAA)对黑脉羊肚菌胞外 SOD 活性的影响[J]. 中国食用菌, 34(3)：51-56.

李红. 2015. 辽阳地区野生羊肚菌及其菌丝培养试验[J]. 食用菌, 37(2)：13-14.

李华. 2006. 羊肚菌子实体部分化学成分研究[D]. 长春：吉林农业大学.

李洁, 张云霞, 邱德江. 2004. 不同因素对羊肚菌孢子萌发和菌丝生长的影响[J]. 河北林业科技, (2): 1-2.

李娟, 王臻, 姚良同, 等. 2005. 羊肚菌多糖研究进展[J]. 微生物学杂志, 25(4): 89-91.

李娟. 2005. 泰山羊肚菌液体培养条件优化及富铁、锌、硒研究初探[D]. 泰安: 山东农业大学.

李峻志, 雷萍, 孙悦迎. 2001. 羊肚子囊果栽培工艺研究[J]. 食用菌, 23(4): 23-26.

李绮, 田速成, 李莹, 等. 1996. 羊肚菌细胞亚显微结构的电镜学分析[J]. 食用菌, 18(1): 4-5.

李荣春. 2001. 双孢蘑菇遗传多样性分析[J]. 云南植物研究, 23(4): 444-450.

李书兰, 和晓娜, 李安利, 等. 2012. 不同配方培养基对羊肚菌菌丝生长及菌核和子实体形成的影响[J]. 安徽农业科学, (5): 2587-2588, 2593.

李素玲, 刘虹, 尚春树. 2004. 培养基基质对羊肚菌菌丝体和菌核生长特性的影响[J]. 山西农业大学学报(自然科学版), 24(1): 63-65.

李素玲, 尚春树, 刘虹. 2000. 羊肚子实体培育研究初报[J]. 中国食用菌, 19(1): 9-11.

李素玲. 1994. 羊肚菌的子实体培养研究初报[J]. 食用菌, (4): 8-10.

李蔚. 2008. 液体深层发酵羊肚菌水溶性多糖的提取分离纯化分析[D]. 乌鲁木齐: 新疆农业大学.

李莹霞. 2015. 云南产羊肚菌的分类学与生态学研究[D]. 昆明: 云南大学.

李勇, 杨峰, 樊继德, 等. 2012. 干旱对羊肚菌自然生长的影响[J]. 中国食用菌, 31(1): 21-23.

李渊. 2016. 羊肚菌分类、分布及分子遗传学研究现状[J]. 山西农业科学, 44(4): 565-568.

林彬, 贾身茂. 1994. 粗腿羊肚菌的显微形态观察[J]. 食用菌, 16(1): 13-14.

林彬. 1993. 羊肚菌菌丝体及菌核生长特性的初步研究[J]. 食用菌, 15(7): 5.

林彬. 1994. 粗腿羊肚菌的显微形态观察[J]. 食用菌, 16(1): 13.

林彬. 1994. 羊肚菌液体培养特征及其蛋白电泳[J]. 食用菌, 16(7): 5.

林杰. 1993. 羊肚菌的生物学和生理学初探[J]. 食用菌, 15(7): 6.

林晓军, 李振歧, 侯军, 等. 2007. 中国菌物[M]. 北京: 中国农业出版社.

刘蓓, 马绍宾, 郭相, 等. 2009. 滇西北地区羊肚菌子囊果形态多样性研究[J]. 中国食用菌, 28(3): 10-14.

刘蓓, 吴素蕊, 朱萍, 等. 2012. 滇西北地区四种羊肚菌营养成分分析比较[J]. 食品工业科技, (1): 363-365.

刘波, 朱玫, 范黎, 等. 1991. 山西野生大型食用真菌[M]. 太原: 山西高校联合出版社.

刘纯业. 1992. 许昌地区羊肚菌考察初报[J]. 食用菌, 14(3): 5.

刘达玉, 王慧超, 郑林用, 等. 2015. 武陵山羊肚菌液体培养条件优化研究[J]. 湖北农业科学, 54(2): 405-408.

刘洪玉, 陈惠群, 杨晋, 等. 1996. 羊肚子实体生理特性研究(一)[J]. 食用菌, (5): 2-3.

刘祺, 雷蕾, 冯娅男. 2012. 羊肚菌商业化发展现状分析及对未来发展的思考[J]. 农业与技术, 32(1): 26-26.

刘青青, 戴玄, 陈今朝. 2015. 羊肚菌液体发酵研究进展[J]. 北方园艺, (1): 190-193.

刘士旺, 梁宗琦, 刘爱英. 1997. 羊肚菌液体培养条件及氨基酸分析[J]. 贵州农学院学报, 16(3):

65-68.

刘士旺, 刘文. 1998. 不同碳氮源对尖顶羊肚菌(Morchella conica)生长的影响[J]. 徐州师范大学
学报(自然科学版), 16(3): 64-66.

刘士旺, 毛建卫, 吴元锋, 等. 2008. 粗柄羊肚菌液体发酵条件研究[J]. 中国酿造, (23): 25-28.

刘士旺, 尤玉如, 杨志祥, 等. 2007. 羊肚菌核研究[A]//中国食品科学技术学会. 中国食品科学
技术学会第五届年会暨第四届东西方食品业高层论坛论文摘要集[C].

刘士旺, 尤玉如, 杨志祥, 等. 2007. 一株羊肚菌高生物量高氨基酸含量菌株的选育[A]//中国食品科学
技术学会. 中国食品科学技术学会第五届年会暨第四届东西方食品业高层论坛论文摘要集[C].

刘士旺, 尤玉如. 2005. 野生食用真菌羊肚菌的开发利用[A]//浙江省科学技术协会, 中国食品科
学技术学会, 浙江工商大学. 食品安全监督与法制建设国际研讨会暨第二届中国食品研究生
论坛论文集(上)[C].

刘士旺. 1998. 羊肚菌液体培养研究初报(J). 食用菌学报, 5(3): 31-35.

刘松青, 江华明, 李仁全, 等. 2012. 不同农作物秸秆人工栽培羊肚菌试验[J]. 中国食用菌, 31(4):
19-20.

刘婷, 富宏海, 冯丽. 2011. 乌鲁木齐市郊羊肚菌生长土壤细菌群落分析[J]. 江苏农业科学, 39(4):
468-469.

刘伟, 蔡英丽, 何培新, 等. 2016. 羊肚菌人工栽培[A]//羊肚菌栽培技术现场观摩交流会暨湖北
省食用菌协会2016年年会资料汇编[C].

刘伟, 蔡英丽, 江晴, 等. 2015. 粗柄羊肚菌全转录组SSR序列特征和分布分析[A]//中国菌物学
会. 中国菌物学会2015年学术年会论文摘要集[C].

刘伟, 张亚, 何培新, 等. 2015. 我国羊肚菌人工大田栽培新技术[A]//中国菌物学会. 中国菌物学
会2015年学术年会论文摘要集[C].

刘卫红. 2011. 羊肚菌液体菌种培养基配方优化研究[J]. 农业科技通讯, (11): 81-83.

刘文丛, 张建博, 桂明英, 等. 2011. 滇西北地区5种羊肚菌遗传多样性的ISSR分析[J]. 中国食
用菌, 30(4): 38-42.

刘兴蓉, 陈芳草, 谭方河, 等. 2004. 羊肚菌产核条件研究[J]. 四川林业科技, 18(3): 43-47.

刘颖, 丰茂飞, 刘丹, 等. 2013. 羊肚菌栽培技术初探[J]. 现代园艺, (20): 48-48.

刘正南, 郑淑芳. 1996. 中国药用真菌的现状和种质资源[J]. 中国食用菌, 15(5): 20-22.

龙正海, 梁培春, 秦京, 等. 1995. 羊肚菌氨基酸含量变化及酯酶同功酶研究[J]. 真菌学报, 14(4):
263-268.

龙正海. 1997. 羊肚菌的研究及其应用开发前景[J]. 中国生化药物杂志, 18(3): 160-162.

卢凤伟. 1995. 辽西羊肚菌生态和基质考察[J]. 浙江食用菌, (6): 32.

卢可可, 谭玉荣, 吴素蕊, 等. 2015. 不同产地尖顶羊肚菌多酚组成及抗氧化活性研究[J]. 食品科
学, 36(7): 6-12.

陆文蔚, 王淑珍, 唐立伟. 2007. 浅谈新型羊肚菌功能食品的开发前景[J]. 中国食物与营养, (10):
19-22.

吕贝贝，吴潇，蒋玮，等.2016. 普通羊肚菌密码子偏好性分析[J]. 食用菌学报，23（1）：13-17.

吕晓莲，郭宏，贾建会，等.2013. 羊肚菌发酵产物功能性研究[J]. 食品科学，34（1）：311-314.

罗凡.1995. 青川羊肚菌资源及其生态环境[J]. 食用菌，17（7）：7-8.

罗霞，魏巍，余梦瑶，等.2011. 尖顶羊肚菌对急性酒精性胃黏膜损伤保护作用研究[J]. 菌物学报，30（2）：319-324.

罗信昌，陈士瑜.2010. 中国菇业大典病虫害防控篇[M]. 北京：清华大学出版社.

罗植柚.1985. 几种羊肚菌子实体的成分分析[J]. 食用菌，2：45.

罗植柚.1986. 甘南野生羊肚菌生态研究初报[J]. 中国食用菌，（1）：30.

马利，李霞，张松.2014. 尖顶羊肚菌胞外多糖提取物对皮肤成纤维细胞增殖和衰老的影响[J]. 菌物学报，33（2）：385-393.

马蓉.2016. 青川羊肚菌人工仿生栽培技术[J]. 四川农业科技，（6）：38-39.

马永键.1996. 羊肚菌栽培[J]. 贵州农学院丛刊，（1）：52-56.

马志英，苗马忠.1989. 中国的羊肚菌[J]. 生物学通报，（1）：14-15.

卯晓岚，蒋长坪，鸥株次旺.1995. 西藏大型经济真菌[M]. 北京：北京科学技术出版社.

卯晓岚.1994. 一种不常见的肋脉羊肚菌[J]. 江苏食用菌，15（5）：26.

孟超，史洪舰，孟静，等.2013. 富硒羊肚菌多糖提取工艺的研究[J]. 中国西部科技，（2）：83-84.

孟俊龙，杨杰，常明昌，等.2012. 小羊肚菌人工栽培初报[J]. 中国食用菌，31（4）：14-15.

孟祥艳.2007. 羊肚菌菌种分离及多糖一级结构的研究[D]. 长春：吉林大学.

明建，曾凯芳，赵国华，等.2009. 羊肚菌水溶性多糖 PMEP-1 的分离纯化与结构特征分析[J]. 食品科学，30（15）：104-108.

牟川静.1987. 羊肚菌属两种新疆新记录及一新变种[J]. 真菌学报，6（2）：122-123.

欧超，王娣，张兆轩，等.2007. 羊肚菌液体深层发酵条件[J]. 食品与生物技术学报，26（2）：80-86.

欧超.2007. 羊肚菌液体深层发酵条件及多糖提取工艺的研究[D]. 合肥：安徽农业大学.

彭鸿强.2015. 成都地区羊肚菌大田无基料栽培技术要点[J]. 南方农业，（25）：13-14，17.

彭璐，常继东.2006. 羊肚菌菌丝体培养特性的研究[J]. 食用菌，28（5）：10-12.

彭卫红，唐杰，何晓兰，等.2016. 四川羊肚菌人工栽培的现状分析[J]. 食药用菌，（3）：145-150.

戚淑威，谭敬菊，赵琪，等.2015. 尖顶羊肚菌优质菌株的筛选方法研究[J]. 江西农业学报，27（10）：96-98.

戚淑威，赵琪，程江辉，等.2011. 尖顶羊肚菌出菇试验初探[J]. 中国食用菌，30（5）：12-13.

秦小波，时小东，张国珍，等.2016. 梯棱羊肚菌菌丝培养条件研究及观察分析[J]. 食用菌，38（3）：8-10.

曲新民，高爱华.1990. 羊肚菌菌丝生理特性研究[J]. 食用菌，（2）：12-13.

权美平，张丽芳.2012. 羊肚菌生物学特征及价值的研究进展[J]. 北方园艺，（18）：178-180.

任爱梅，李建宏，谢放，等.2013. 不同培养基对羊肚菌菌丝生长及菌核形成的影响[J]. 江苏农业科学，（11）：270-272.

任丹，罗霞，余梦瑶，等.2010. 具有胃黏膜保护作用的羊肚菌菌株的筛选及其液体发酵[J]. 食品科学，31(17)：240-244.

任丹，郑林用，余梦瑶，等. 2009. 羊肚菌的药用价值及开发利用[J]. 中国食用菌，28(5)：7-9.

任桂梅，陈国梁，高小朋，等. 2005. 陕北羊肚菌不同生长期酯酶同工酶的分析[J]. 延安大学学报
　　（自然科学版），24(1)：78-79.

任桂梅，贺晓龙，路敏. 2006. 羊肚菌 M-(延-5)菌株菌丝体生长所需碳氮源的研究[J]. 安徽农业
　　科学，34(13)：2947-2948.

任廷远，安玉红. 2010. 羊肚菌活性成分及营养保健功能的研究现状[J]. 食药用菌，(1)：21-23.

沙业雄. 1990. 羊肚菌研究进展[J]. 食用菌. (2)：3-4.

上官端琳，吴素蕊，赵天瑞，等. 2013. α-萘乙酸对黑脉羊肚菌生物量、胞内多糖含量及多糖抗氧
　　化性能的影响[J]. 食品与发酵工业，39(11)：159-162.

上海农业科学院食用菌研究所. 1991. 中国食用菌志[M]. 北京：中国林业出版社.

邵力平，项守恍. 1997. 中国森林蘑菇[M]. 哈尔滨：东北林业大学出版社.

申浩. 2016. 金堂县羊肚菌发展的现状和前景[J]. 食药用菌，(3)：155-159.

沈洪，陈明杰，赵永昌，等. 2008. 羊肚菌内生细菌 DGGE 鉴定[J]. 上海农业学报，24(2)：58-60.

省食用菌协会. 2006. "土专家"李继红的羊肚菌栽培技术[N]. 云南科技报，06-08.

石长宏. 2012. 羊肚菌林地仿生态种植技术[J]. 福建林业科技，39(4)：106-108.

石建森，张锁峰，武旭，等. 分离部位对羊肚菌组织成活及菌丝生长的影响[J]. 中国食用菌，(5)：
　　9-11.

石思文，江洁，崔琳，等. 2014. 羊肚菌营养强化米酒发酵工艺的优化[J]. 食品工业科技，35(23)：
　　175-181.

宋晓英，石宗水，朱文华，等. 2006. 羊肚菌在泰山山系周围分布及生态习性的调查研究[J]. 山东
　　林业科技，(4)：51-52.

苏俊，孜来古丽·米吉提，艾尔肯·热合曼，等. 2011. 两种新疆羊肚菌的分类学鉴定[J]. 新疆农
　　业科学，48(9)：1704-1710.

孙大成，郭晓科，崔微. 2008. 羊肚菌人工栽培技术综述[J]. 黑龙江生态工程职业学院学报，(6)：
　　21-22.

孙军德，郑惠雨. 2012. 两株野生羊肚菌的分离与菌丝生长特性比较[J]. 农业科技与装备，(5)：
　　8-10.

孙晓明. 2001. 新型保健食品——羊肚菌胶囊的研究[J]. 中国食用菌，20(1)：38-40.

孙玉军，陈彦，周丽伟. 2007. 羊肚菌胞内多糖 MEP-II 的分离纯化及其性质分析[J]. 食品与发酵
　　工业，33(12)：44-47.

孙玉军，李正鹏. 2012. 羊肚菌胞外多糖活性炭脱色工艺[J]. 中国医院药学杂志，32(23)：
　　1885-1888.

孙中臣. 1994. 羊肚菌栽培加工研究通过专家验收[J]. 中国食用菌，(4)：40.

孙中臣. 1995. 羊肚菌人工驯化成功[J]. 中国食用菌，(3)：46.

索伟伟. 2015. 林下种植羊肚菌栽培技术[J]. 现代园艺，(18)：35-35.

谈峰，胡加如，汪凯华.1999. 羊肚菌野生生态条件调查研究[J]. 食用菌，(6)：2-2.

谭方河.2016. 羊肚菌人工栽培技术的历史、现状及前景[J]. 食药用菌，(3)：140-144.

陶热，谭玉琴，陈晔，等.2011. 小羊肚菌菌丝培养条件的研究[J]. 北方园艺，(17)：183-187.

滕国生，贾东旭，郭含笑，等.2015. 羊肚菌液体深层发酵工艺优化的研究[J]. 食品工业科技，36(11)：162-166.

田雪，刘建，孙桦楠，等.2012. 以羊肚菌菌丝为抗原的不同免疫程序对 Balb/c 鼠抗体水平的影响[J]. 长春理工大学学报(自然科学版)，35(1)：156-159, 165.

汪梦筱，王伟，汪维云.2014. 羊肚菌液体深层发酵工艺优化研究[J]. 包装与食品机械，(1)：15-18.

王波，鲜灵.2013. 人工栽培羊肚菌的鉴定[J]. 西南农业学报，26(5)：1988-1991.

王波.1989. 四川蒲江羊肚菌调查初报[J]. 食用菌，7(5)：11.

王波.2005. 羊肚菌人工栽培新技术[M]. 上海：上海科学技术文献出版社.

王法渠.1988. 迭部的野生羊肚菌[J]. 食用菌，11(3)，4.

王法渠.1993. 迭部县羊肚菌资源及其生态习性[J]. 中国食用菌，(4)：28-29.

王广耀，董立华，张红.2010. 液体羊肚菌浅层发酵培养基的优化研究[J]. 北方园艺，(7)：173-175.

王广耀，蒋晓成，程喆.2009. 羊肚菌菌种分离及母种培养基的筛选[J]. 北方园艺，(9)：211-212.

王桂芹.2005. 羊肚菌子囊孢子获取纯种试验[J]. 食用菌，27(5)：21.

王化民.1994. 美味羊肚菌液体培养菌丝体的研究[J]. 食用菌，16(7)：4.

王龙，郭瑞，路等学，等.2016. 羊肚菌物种多样性研究现状[J]. 西北农业学报，(4)：477-489.

王龙，秦鹏，王生荣，等.2014. 甘肃甘南野生羊肚菌 rDNA 的 ITS 序列分析[J]. 草原与草坪，(6)：41-44.

王淑珍，白晨，陆文蔚.2009. 用于健康食品生产的羊肚菌发酵培养基[J]. 食用菌，31(5)：32-34.

王铁鹰.1995. 羊肚菌秋生环境与形态结构考察[J]. 食用菌，17(7)：5-6.

王伟伟.2012. 羊肚菌菌丝体、菌核培养的试验[J]. 中国林副特产，(5)：73-74.

王小雄，高黎明，郑长征.1999. 尖顶羊肚菌菌丝体中新化合物的研究[J]. 中国食用菌，18(3)：18-20.

王新风，杨芳，李晶，等.2008. 生长基质性状对肋脉羊肚菌矿质元素含量的影响[J]. 安徽农业科学，36(1)：14-15, 29.

王新宇，梁祖炳，蒲训，等.1996. 三种不同羊肚菌菌丝体的生长、蛋白质合成喝酯酶同功酶的组成[J]. 真菌学报，15(3)：220-226.

王秀云.1997. 羊肚菌的菌核形成初报[J]. 食用菌，19(6)：4-5.

王秀云.1998. 羊肚菌生物学特性的研究[J]. 食用菌，(1)：13-14.

王秀云.2000. 羊肚菌的自交和杂交试验初探[J]. 食用菌，(1)：9-10.

王亚辉，梅晓灯，张松.2013. 尖顶羊肚菌活性提取物降血压作用的研究[J]. 现代食品科技，(9)：2147-2151.

王艳，江洁，金李玲，等.2013. 羊肚菌菌丝体液体培养富锌条件的优化[J]. 食品工业科技，34(3)：281-283, 287.

王艳，江洁，沈冰，等.2012. 羊肚菌菌丝体富锌条件的优化[A]//中国食品科学技术学会. 中国食品科学技术学会第九届年会论文摘要集[C].

王莹, 孙永海, 王笑丹, 等. 2007. 粗柄羊肚菌菌丝体液体培养条件的优化. 食用菌, 29(6): 6-8.

王莹. 2006. 羊肚菌深层发酵及生长动力学研究[D]. 长春: 吉林大学.

王元忠, 李涛, 李兴奎, 等. 2006. 黑脉羊肚菌元素测定[J]. 中国食用菌, 25(2): 42-43.

王云龙. 2014. 羊肚菌液体发酵培养条件优化[D]. 大连: 大连工业大学.

王泽清, 徐中志. 2010. 粗腿羊肚菌菌丝栽培条件研究[J]. 西南农业学报, 23(1): 149-152.

王振洲. 1992. 羊肚菌生态与形态观测[J]. 食药用菌, (2): 27-27.

王震, 王春弘, 魏银初, 等. 2015. 适宜中原浅山丘陵地区的羊肚菌高产栽培技术[J]. 食用菌, (4): 39-41.

王正春, 蒋海艳, 杨笑笑, 等. 2012. 重庆武陵山区野生羊肚菌的分子鉴定研究[J]. 西部林业科学, 41(2): 102-105.

魏景超. 1979. 真菌鉴定手册[M]. 北京: 科学出版社.

魏芸. 1999. 羊肚菌多糖 MEP-SPI 分离纯化及性质鉴定[J]. 食用菌学报, 6(3): 13-17.

吴大椿, 冯家旺. 1989. 粗腿羊肚菌在江汉平原发生及其生态特性[J]. 食用菌. (3): 5.

吴韶菊. 2009. 羊肚菌固体培养基的筛选[J]. 北方园艺, (3): 216-218.

吴素蕊, 侯波, 郭相, 等. 2011. 黑脉羊肚菌营养成分分析比较[J]. 食品科技, (7): 65-66, 72.

吴素蕊, 朱立, 马明, 等. 2012. 羊肚菌冷冻干燥加工技术研究[J]. 中国食用菌, (5): 49-51.

吴锡鹏. 1991. 庆元县青林的野生羊肚菌资源[J]. 浙江食用菌, (8): 3-4.

吴小青, 张伟. 2016. 羊肚菌人工栽培技术[J]. 吉林农业, (13): 99.

吴新宇, 李格, 郑群, 等. 2013. 新疆野生羊肚菌菌丝体培养条件初探[J]. 长江蔬菜, (16): 71-74.

吴学谦, 李海波, 魏海龙, 等. 2004. DNA 分子标记技术在食用菌研究中的应用及进展[J]. 浙江林业科技, 24(2): 76-81.

吴亚江, 侯玮, 张振刚. 1995. 辽宁省大黑山羊肚菌考察初报[J]. 浙江食用菌, (5): 22.

吴泽保. 1993. 羊肚菌栽培技术研究初报[J]. 浙江食用菌, (5): 16.

武冬梅, 李冀新, 孙新纪. 2010. 新疆野生羊肚菌研究存在的问题及解决途径[J]. 中国食用菌, 29(6): 8-10, 17.

武冬梅, 许文涛, 谢宗铭, 等. 2013. 新疆野生羊肚菌研究现状及展望[J]. 食品工业科技, 34(1): 381-384.

武冬梅, 许文涛, 谢宗铭, 等. 2015. 新疆野生羊肚菌物种多样性研究[J]. 食品工业科技, 36(2): 167-172.

肖锋, 王得贤, 杨冬梅. 2000. 温度 pH 值光照对羊肚菌菌丝生长的影响[J]. 中国食用菌, 19(5): 13-15.

肖江勇, 何秀霞, 王丹, 等. 2015. ELISA 鉴别条件下的野生羊肚菌菌种分离方法[J]. 中国食用菌, 34(3): 11-14.

谢德松. 2016. 南方羊肚菌栽培技术探讨[A]//中国食用菌产业发展大会会议资料汇编[C].

谢放, 吴萍民, 赵春巧. 2014. 7 株羊肚菌菌丝的生物学特性研究[J]. 中国农学通报, (10): 140-147.

谢放, 张生香, 陈京津, 等. 2010. 恒温和变温培养对羊肚菌菌丝生长及菌核形成影响的比较研究[J]. 中国野生植物资源, 29(3): 37-40, 61.

谢占玲, 何智媛, 唐龙清, 等. 2009. 五株羊肚菌碳、氮源及适合发酵菌株的筛选[J]. 食用菌学报, 16(1): 43-46.

谢占玲, 谢占青. 2007. 羊肚菌研究综述[J]. 青海大学学报(自然科学版), 25(12): 36-40.

邢增涛, 孙萍芳, 刘景圣. 2004. 尖顶羊肚菌液体培养条件的研究[J]. 食用菌学报, 11(4): 38-43.

熊川, 李小林, 李强, 等. 2015. 羊肚菌塘土壤细菌群落的结构及多样性[J]. 湖南农业大学学报(自然科学版), 41(4): 428-434.

熊川, 李小林, 李强, 等. 2015. 羊肚菌生活史周期、人工栽培及功效研究进展[J]. 中国食用菌, 34(1): 7-12.

熊川, 李小林, 李强, 等. 2015. 一株采自四川南充的羊肚菌生境调查与鉴定[J]. 福建农林大学学报(自然科学版), 44(4): 414-418.

熊川, 李小林, 李强, 等. 2016. 四川秋季发生的两种羊肚菌生境调查与鉴定[J]. 菌物学报, 35(1): 29-38.

熊春菊, 赵琪, 徐中志, 等. 2009. 尖顶羊肚菌菌丝培养研究[J]. 现代农业科技, (8): 13-14.

熊维全, 曾先富, 李昕竺. 2015. 小麦、羊肚菌套作高效栽培技术[J]. 食药用菌, (4): 259-260.

熊亚, 李敏杰. 2013. 羊肚菌丝体基础培养基的优化[J]. 中国酿造, 32(5): 114-118.

熊艳, 车振明. 2007. 羊肚菌液体发酵培养的研究现状和展望[J]. 食品研究与开发, 28(1): 165-168.

胥芮, 刘玉萍, 张晓宇, 等. 2016. 青海互助北山林场羊肚菌营养成分初探[J]. 北方园艺, (10): 138-140.

徐丹丹, 陈显化, 金朝霞, 等. 2015. 响应面法优化羊肚菌深层发酵条件[J]. 周口师范学院学报, 32(2): 97-101.

徐锦堂. 1997. 中国药用真菌学[M]. 北京: 北京医科大学-中国协和医科大学联合出版社.

徐科卫. 1995. 甘肃迭部羊肚菌分布及生态环境[J]. 食用菌, 17(7): 5.

徐文香. 1996. 山东羊肚菌的分布及生态[J]. 食用菌, (3): 2-3.

徐序坤. 1986. 羊肚菌的生态环境[J]. 中国食用菌, (6): 23.

徐永强, 张明生, 张丽霞. 2006. 羊肚菌的生物学特性、营养价值及其栽培技术[J]. 种子, 25(7): 97-99.

徐中志, 赵琪, 戚淑威, 等. 2007. 羊肚菌产品流通初步研究[J]. 中国食用菌, 26(2): 41-42.

许晖, 孙兰萍. 2007. 羊肚菌培养条件响应面法优化[J]. 食品与生物技术学报, 26(5): 92-98.

薛莉. 2014. 羊肚菌胞外粗多糖对S180肉瘤小鼠的抑制实验[J]. 山西中医学院学报, 15(2): 27-29.

薛迎迎, 任红兵, 魏增余. 2011. 羊肚菌胞外多糖发酵优化研究[J]. 食品科技, (10): 239-242.

杨芳, 王新风, 李刚, 等. 2007. 不同碳、氮源对羊肚菌生长与胞内多糖的影响[J]. 食品科学, 28(11): 396-400.

杨芳, 王新风, 翁良, 等. 2010. 两种羊肚菌胞内多糖体外抗氧化性[J]. 食品科学, 31(23): 76-78.

杨芳，王新风，朱骏，等. 2008. 肋脉羊肚菌液体培养条件的研究[J]. 食品科学，29(2)：280-283.

杨虎. 2007. 云南野生羊肚菌多糖的分离纯化与性质研究[D]. 重庆：西南大学.

杨嘉谷. 1994. 羊肚菌在保山发生的生态特征[J]. 食用菌，16(7)：3.

杨建，张光宇，杜秀娟，等. 2013. 羊肚菌液体发酵培养基成分及培养条件的优化[J]. 中国酿造，32(10)：113-116.

杨绍彬 . 1998. 羊肚菌种营养基质的研究[J]. 食用菌，1：6-7.

杨新美. 1986. 中国食用菌栽培学[M]. 北京：农业出版社.

杨鑫，孙智敏，曾杨，等. 2010. 羊肚菌种冻干保藏方法的研究[J]. 食品科技，(11)：48-50.

杨云鹏，岳德超. 1981. 中国药用真菌[M]. 哈尔滨：黑龙江科学技术出版社.

姚秋生. 1991. 尖顶羊肚菌人工栽培研究初探[J]. 中国食用菌，10(6)：15-16.

叶居新. 1986. 羊肚菌的人工栽培[J]. 中国食用菌，(1)：32.

叶琳. 1995. 四川省财政拨款支持羊肚菌开发[J]. 中国食用菌，(2)：36.

伊平昌，谢占玲，毛成荣，等. 2014. 青海省羊肚菌发生地的生态环境调查[J]. 中国食用菌，33(2)：13-14.

殷伟伟，张松，吴金凤. 2009. 尖顶羊肚菌活性提取物降血脂作用的研究[J]. 菌物学报，28(6)：873-877.

尤国信. 1995. 不同营养物质对羊肚菌菌丝生长的影响[J]. 中国食用菌，14(1)：15-17.

于双振. 1989. 大兴安岭野生羊肚菌生态环境调查[J]. 中国食用菌，3：26.

于双振. 1992. 粗腿羊肚菌的移栽简报[J]. 食用菌，(8)：5.

于双振. 1993. 大兴安岭的粗腿羊肚菌的生态环境[J]. 中国食用菌，(1)：34.

余梦瑶，许晓燕，江南，等. 2013. 尖顶羊肚菌菌丝体胞外多糖的分离纯化及结构研究[J]. 四川大学学报(自然科学版)，(6)：1373-1378.

袁崇兰. 2008. "菌中王子"—羊肚菌产业化发展的建议[J]. 中国林业，(11)：32-32.

臧穆. 1987. 东喜马拉雅引人注目的高等真菌和新种[J]. 云南植物研究，9(1)：81-88.

曾荣鉴. 1992. 武陵山区羊肚菌生境调查初报[J]. 食用菌，14(2)：22.

曾荣鉴. 1993. 羊肚菌菌丝培养材料试验初报[J]. 食用菌，15(7)：19.

曾荣鉴. 1994. 读《羊肚菌原生质细胞的融合试验》[J]. 江苏食用菌，15(5)：37.

翟强. 2006. 羊肚菌研究进展[J]. 安徽农业科学，34(24)：6527，6529.

张飞翔. 1994. 羊肚菌人工栽培技术[J]. 中国食用菌，13(6)：23.

张广伦，肖正春. 1993. 羊肚菌的营养成分及其利用[J]. 食用菌，(3)：3-4.

张广伦，张卫明，李皞. 1999. 羊肚菌的研究与利用[J]. 中国野生植物资源，18(1)：3-6.

张广伦. 1992. 新疆野生粗柄羊肚菌的化学成分分析[J]. 江苏食用菌，13(5)：21-22.

张广伦. 1999. 羊肚菌的研究与利用[J]. 中国野生植物资源，18(1)：1-3.

张华，侯军，崔晓琪，等. 2009. 羊肚菌丝DNA的简易制备方法[J]. 中国食用菌，28(6)：48-49.

张季军，张敏，肖千明，等. 2015. 辽宁地区羊肚菌日光温室栽培技术[J]. 辽宁农业科学，(3)：92.

张金霞，谢宝贵，边银丙. 2006. 食用菌菌种生产与管理手册[M]. 北京：中国农业出版社.

张立秋,李宏湛,张晓燕.2014.羊肚菌研究现状及保护利用[J].通化师范学院学报,35(8):51-54.

张立生,贾亚琴,韩仲芳,等.1995.用于羊肚菌制作母种技术[J].食用菌,17(7):16-17.

张丽.2014.黑脉羊肚菌中PPO、POD、SOD三种酶的性质研究[D].昆明:昆明理工大学.

张利平,陈彦.2009.羊肚菌多糖提取分离条件的研究[J].中国中医药信息杂志,16(9):40-42.

张生香,谢放,魏孔丽,等.2010.总糖对羊肚菌菌丝生长及菌核形成影响的研究[J].食用菌,32(3):25-27.

张松.1994.羊肚菌菌种基质的研究[J].中国食用菌,13(6):9.

张松.1996.羊肚菌液体菌种培养配方的研究[J].食用菌,(3):15.

张旺璧,薛莉.2012.羊肚菌(Ydj0705)液体发酵工艺方法的研究[J].太原理工大学学报,43(6):660-664.

张微思,邹永生,罗孝坤,等.2013.羊肚菌DUS测试技术研究[J].中国食用菌,32(3):26-27,30.

张文科.2012.羊肚菌秸秆无机栽培技术初探[J].现代园艺,(6):39,41.

张忠伟,周继慧,王成珍,等.2000.羊肚菌菌丝体在不同培养基中的生长特性[J].食用菌,(2):13-14.

张宗舟.1999.羊肚菌根际根外微生物区系分析[J].中国食用菌,18(2):25-26.

赵春艳,邰丽梅,吴素蕊,等.2013.羊肚菌菌丝体在液体培养中生长特性分析[J].中国食用菌,32(5):33-34,38.

赵春燕,孙军德,李敏,等.2005.培养条件对羊肚菌菌丝生长的影响[J].中国食用菌,24(1):15-17.

赵丹丹,李凌飞,赵永昌,等.2010.尖顶羊肚菌人工栽培[J].食用菌学报,17(1):32-39,95.

赵航,单程程,刘超.2016.液体发酵产羊肚菌食用菌酱的制作工艺研究[J].中国调味品,41(5):81-85.

赵琪,黄韵婷,徐中志,等.2009.羊肚菌栽培研究现状[J].云南农业大学学报(自然科学版),24(6):904-907.

赵琪,康平德,戚淑威,等.2010.羊肚菌资源现状及可持续利用对策[J].西南农业学报,23(1):266-269.

赵琪,徐中志,程远辉,等.2009.尖顶羊肚菌仿生栽培技术[J].西南农业学报,22(6):1690-1693.

赵琪,徐中志,杨祝良.2007.羊肚菌仿生栽培关键技术研究初报[J].菌物学报,26(1):360-363.

赵秀勋.1988.黔北的羊肚菌[J].食用菌,11(4):9.

赵永昌,柴红梅,张小雷.2016.我国羊肚菌产业化的困境和前景[J].食药用菌,(3):133-139,154.

赵永昌,王芳,吴毅歆.1998.羊肚菌菌核的形成研究[J].中国食用菌,17(1):5-7.

赵永昌.1998.羊肚菌发生区气候土壤生态环境研究[J].中国食用菌,(3):24-24.

郑国杨.1985.粤北山区首次发现羊肚菌[J].食用菌,(5):10.

郑林用,贾定洪,罗霞,等.2007.药用灵芝遗传多样性的AFLP分析[J].中国中药杂志,32(17):1733-1736.

周丽伟. 2007. 羊肚菌培养条件优化及其多糖生物活性的研究[D]. 合肥：安徽大学.

周蓉芳，陈焕新，马键，等. 1986. 羊肚菌研究初报[J]. 中国食用菌. (1)：10-11.

周晓丽，杜晓利. 2013. 铜川地区羊肚菌生长气候适宜性分析[J]. 陕西农业科学，59(5)：81-83.

周延清. 2005. DNA 分子标记技术在植物研究中的应用[M]. 北京：化学工业出版社.

朱达基. 1993. 太行山羊肚菌资源及其生态环境[J]. 食用菌. 15(7)：2.

朱锦福，雷艳，李鹏业. 2012. 粗柄羊肚菌生境及组织分离优化条件的研究[J]. 安徽农业科学，24：11966-11967.

朱林，程显好，田吉腾. 2008. 羊肚菌的研究进展[J]. 安徽农业科学，36(10)：4054-4057.

朱永真，杜双田，车进，等. 2011. 不同碳源及氮源对羊肚菌菌丝生长的影响[J]. 西北农林科技大学学报(自然科学版)，29(3)：113-118.

朱永真，杜双田，车进，等. 2011. 无机盐及生长因子对羊肚菌菌丝生长的影响[J]. 西北农林科技大学学报(自然科学版)，39(4)：211-215.

诸长青. 2012. 我国山区农村发展羊肚菌规模种植的可行性分析[J]. 安徽农学通报，18(2)：10-11.

《食药用菌》编辑部. 2016. 我国羊肚菌人工栽培的路径问题——第三届四川(金堂)食用菌博览会专题讨论会内容纪要[C].

Ahmed S，Mahjabin T，Khan A S，et al. 2009. Effect of media and environmental factors on mycelial growth of *Boletus edulis*, *Morchella esculenta* and *Pleurotus geesternaus*[J]. Bangladesh J. Mushroom，3(1)：47-52.

Alexopoulos C J，Mims C W. 1979. Introductory Mycology(3rd Edition)[M]. Toronto: John Wiley & Sons.

Alvarado G，et al. 2014. Understanding the life cycle of morels(*Morchella* spp.)[J]. Revista Mexicana de Micologica，40：47-50.

Asina S，Jain K，Cain R F. 1977. Factors influencing ascospore germination in three species of *Sporormiella*[J]. Canadian Journal of Botany，55(14)：1908-1914.

Barnes S，Wilson A. 1998. Cropping the grench black morel：a preliminary investigation[R]. Rural Industries Research and Development Corporation.

Beckett A. 1976. Ultrastructural studies on germinating ascospores of *Daldinia concentrica*[J]. Canadian Journal of Botany，54(8)：698-705.

Berthet P. 1964. Essai biotaxonomique sur les discomycètes[D]. Lyon，France：Uniiversite de Lyon.

Bojsen K，Yu S，Marcussen J. 1999. A group of α-1，4-glucan lyase genes from the fungi *Morchella costata*, *M. vulgaris* and *Peziza ostracoderma*. Cloning，complete sequencing and heterologous expression[J]. Plant Molecular Biology，40(3)：445-454.

Brock T D. 1951. Studies in the nutrition of *Morchella esculenta* fries[J]. Mycologia，43(4)：402-422.

Bunyard B A，Nicholson M S，Royse D J. 1994. A sysytematic assessment of *Morchella* using RFLP analysis of the 28s ribosomal RNA gene[J]. Mycologia，86(6)：763-772.

Buscot F，Bernillon J. 1991. Mycosporins and related compounds in field and cultured mycelial structures of *Morchella esculenta*[J]. MycolRes, 95(6): 752-754.

Buscot F, Roux J. 1987. Association between living roots and ascocarps of *Morchella rotunda*[J]. Transactions of the British Mycological Society, 89(2): 249-252.

Buscot F. 1989. Field observations on growth and development of *Morchella rotunda* and *Mitrophora semilibera* in relation to forest soil temperature[J]. Canadian Journal of Botany, 67: 589-593.

Buscot F. 1993. Mycelial differentiation of *Morchella esculenta* in pure culture[J]. Mycological Research, 97(2): 136-140.

Buscot F. 1993. Synthesis of two types of association between *Morchella esculenta* and *Picea abies* under controlled culture conditions[J]. Journal of Plant Physiology, 141(1): 12-17.

Buscot F. 1994. Ectomycorrhizal types and endobacteria associated with ectomycorrhizas of *Morchella elata* (Fr.) Boudier with *Picea abie*s (L.) Karst[J]. Mycorrhiza, 4(5): 223-232.

Buscotand F, Kottke I. 1990. The association of *Morchella rotunda* (Pers.) Boudier with roots of *Picea abies* (L.) Karst[J]. New Phytologist, 116(3): 425-430.

Carris L M, Peever T L, McCotter S W. 2015. Mitospore stages of *Disciotis*, *Gyromitra* and *Morchella* in the inland Pacific Northwest USA[J]. Mycologia, 107(4): 729-744.

Cavazzoni V, Manzoni M. 1994. Extracellular cellulolytic complex from *Morchella conica*: production and purification[J]. LWT-Food Science and Technology, 27(1): 73-77.

Chen J Y, Liu P G. 2005. A new species of *Morchella* (*Pezizales*, *Ascomycota*) from southwestern China[J]. Mycotaxon, 93(4): 89-93.

Dahlstrom J L, Smith J E, Weber N S. 2000. Mycorrhiza-like interaction by *Morchella* with species of the Pinaceae in pure culture synthesis[J]. Mycorrhiza, 9(5): 279-285.

Dalgleish H J, Jacobson K M. 2005. A first assessment of genetic variation among *Morchella esculenta* (Morel) populations[J]. Journal of Heredity, 96(4): 396-403.

Du X H, Zhao Q, O'Donnell K, et al. 2012. Multigene molecular phylogenetics reveals true morels (*Morchella*) are especially species-rich in China[J]. Fungal Genetics and Biology, 49(6): 455-469.

Du X H, Zhao Q, Yang Z L, et al. 2012. How well do ITS rDNA sequences differentiate species of true morels (*Morchella*) [J]. Mycologia, 104(6): 12-056.

Galopier A, Hermann-Le D S. 2011. Mitochondria of the yeasts *Saccharomyces cerevisiae* and *Kluyveromyces lactis* contain nuclear rDNA-encoded proteins[J]. PLoS One, 6(1): e16325.

Gessner R V, Romano M A, Schultz R W. 1987. Allelic variation and segregation in *Morchella deliciosa* and *M. esculenta*[J]. Mycologia, 79(5): 683-687.

Guler P, Ozkaya E G. 2009. Morphological development of *Morchella conica* mycelium on different agar media[J]. Journal of Environmental Biology, 30(4): 601-604.

Guzman G, Tapia F. 1998. The known morels in Mexico, a description of a new blushing species, *Morchella rufobrunnea*, and new data on *M. guatemalensis*[J]. Mycologia, 90(4): 705-714.

Harbin M, Volk T J. 1999. The relationship of *Morchella* with plant roots[C]. Abstracts XVI International Botanical Congress, St. Louis, Miss, USA, 559.

Hawksworth, et al. 1983. Ainsworth & Bisby's Dictionary of the Fungi (Incluing the Lichens) (Seventh Edition)[M]. Kew. Surrey: Commonwealth Mycological Institute.

He P, Geng L, Mao D, et al. 2010. Production, characterization and antioxidant activity of exopolysaccharides from submerged culture of *Morchella crassipes*[J]. Bioprocess and Biosystems Engineering, 35(8): 1325-1332.

Healy R A, Smith M E, Bonito G M, et al. 2013. High diversity and widespread occurrence of mitotic spore mats in ectomycorrhizal *Pezizales*[J]. Molecular Ecology, 22(6): 1717-1732.

Hervey A, Bistis G, Leong I. 1978. Cultural studies of single ascospore isolates of *Morchella esculenta*[J]. Mycologia, 70(6): 1269-1274.

Hobbie E A, Weber N S, Trappe J M. 2001. Mycorrhizal vs saprotrophic status of fungi: the isotopic evidence[J]. New Phytologist, 150(3): 601-610.

Hu M, Chen Y, Wang C, et al. 2013. Induction of apoptosis in HepG2 cells by polysacchasride MEP-II from the fermention broth of *Morchella esculenta*[J]. Biotechnology Letters. 35(1): 1-10.

Hyde K D, Moss S T, Jones E B G. 1997. Ultrastructure of germination and mucilage production in *Halosphaeria appendiculata*(*Halosphaeriaceae*)[J]. Mycoscience, 38(1): 45-53.

Jacobs M E. 1982. Beta-alanine and tanning polymorphisms[J]. Comparative Biochemistry and Physiology Part B: Comparative Biochemistry, 72(2): 173-177.

Jung S W, Gessner R V, Keudell K C, et al. 1993. Systematics of *Morchella esculenta* complex using enzyme-linked immunosorbent assay[J]. Mycologia, 85(3): 677-684.

Kalm E, Kalyoncu F. 2008. Mycelial growth rate of some morels(*Morchella* spp.)in four different microbiological media[J]. American-Eurasian Journal of Agricultural & Environmental Sciences, 3(6): 861-864.

Kamal S, Singh S K, Tiwari M. 2004. Role of enzymes in initiating sexual cycle in different species of *Morchella*[J]. Indian Phytopathology, 57(1): 18-23.

Kanwal H K, Reddy M S. 2012. The effect of carbon and nitrogen sources on the formation of sclerotia in *Morchella* spp[J]. Annals of Mcrobiology, 62(1): 165-168.

Kanwal H K, Reddy M S. 2014. Influence of sclerotia formation on ligninolytic enzyme production in *Morchella crassipes*[J]. Journal of Basic Microbiology, 54: 63-69.

Kaul T N. 1981. Cultural studies on morels[J]. Mushroom Sceience, 11: 781-787.

Kaul T N. et al. 1981. Myco-Eclogical studies on morel bearing sites in Kashmir[J]. Mushroom Science XI(Part II), 789-797.

Kellner H, Luis P, Buscot F. 2007. Diversity of laccase-like multicopper oxidase genes in Morchellaceae: identification of genes potentially involved in extracellular activities related to plant litter decay[J]. FEMS Microbiology Ecology, 61(1): 153-163.

Kellner H, Renker C, Buscot F. 2005. Species diversity within the *Morchella esculenta* group (Ascomycota: Morchellaceae) in Germany and France[J]. Organisms Diversity & Evolution, 5(2): 101-107.

Krijgsheld P, Bleichrodt R, Van-Veluw G J, et al. 2013. Development in *Aspergillus*[J]. Studies in Mycology, 74: 1-29.

Kuo M, Dewsbury D R, O'Donnell K, et al. 2012. Taxonomic revision of true morels (*Morchella*) in Canada and the United States[J]. Mycologia, 104(5): 1159-1177.

Kuo M. 2008. *Morchella tomentosa*, a new species from western North America, and notes on *M. Rufobrunnea*[J]. Mycotaxon, 105(9): 441-446.

Li S H, Zhao Y C, Chai H M, et al. 2006. Two new species in the genus *Morchella* (Pezizales, Morchellaceae) from China[J]. Mycotaxon, 95: 319-322.

Li X, Chen Z, Peng C, et al. 2013. Effect of different fertilizers on planting *Morchlla conica* fruiting yields and analyses of the microflora and bioactivities of its grown soil[J]. African Journal of Microbiology Research, 7(39): 4707-4716.

Maheshwari R. 1999. Microconidia of *Neurospora crassa*[J]. Fungal Genetics and Biology. 26(1): 1-18.

Masaphy S, Zabari L, Goldberg D. 2009. New long-season ecotype of *Morchella rufobrunnea* from northern Israel[J]. Micologia Aplicada International, 21(2): 45-55.

Masaphy S. 2010. Biotechnology of morel mushrooms: successful fruiting body formation and development in a soilless system[J]. Biotechnology Letters, 32(10): 1523-1527.

Miller S C . 2005. Cultivation of Morchella: U.S.A., 6907691[P].

Miller S L, Torres F, McClean T M. 1994. Persistence of basidiospores and sclerotia of ectomycorrhizal fungi and *Morchella* in soil[J]. Mycologia, 86(1): 89-95.

Molina R, Massicotte H, Trappe J M. 1992. Specificity phenomena in mycorrhizal symbioses: community-ecological consequences and practical implications[J]. Mycorrhizal Functioning: an Integrative Plant-Fungal Process, 357: e423.

Molliard M. 1904. Mycelium et forme conidienne de la Morille[J]. Comptes rendus de l'Académie des Sciences, 138: 516-517.

Molliard M. 1994. Forme conidienne et sclérotes de *Morchella esculenta*[J]. Pers Rev Gén Bot, 16: 216-218.

Moriguchi M, Kotegawa S. 1985. Preparation and regeneration of protoplasts from mycelia of *Morchella esculenta*[J]. Agricultural and Biological Chemistry, 49(9): 2791-2793.

Moriguchi M, Yamada M, Suenaga S, et al. 1986. Partial purification and properties of γ-glutamyltranspeptidase from mycelia of *Morchella esculenta*[J]. Archives of Microbiology, 144(1): 15-19.

Nannfeldt J A. 1937. Contributions to the mycoflora of Sweden: 4. On some species of *Helvella*, together with a discussion of the natural affinities within Helvellaceae and Pezizaceae trib[J].

Acetabuleae, Svensk Botanisk Tidskrifl, 31: 47-66.

Nitha B, De S, Adhikari S K, Sevasagayam T P, et al. 2014. Evaluation of free radical scavenging activity of morel mushroom, *Morchella esculenta* mycelia: a potential source of therapeutically useful antioxidants[J]. Pharm Biology. 48(4): 453-460.

Nitha B, Fijesh P V, Janardhanan K K. 2013. Hepatoprotective activity of cultured mycelium of morel mushroom, *Morchella esculenta*[J]. Experimental and Toxicologic Pathology, 65(1-2): 105-112.

Ower R D. 1982. Notes on the development of the morel ascocarp: *Morchella esculenta*[J]. Mycologia, 74: 142-144.

Ower R, Mills G L, Malachowski J A. 1986. Cultivation of Morchella: U.S.A., 4594809[P].

Ower R, Mills G L, Malachowski J A. 1988. Cultivation of Morchella: U.S.A., 4757640[P].

Ower R, Mills G L, Malachowski J A. 1989. Cultivation of Morchella: U.S.A., 4866878[P].

Ower R. 1980. Cultural studies of morels[D]. San Francisco: San Francisco State University.

Ower R. 1982. Notes of the development morel ascoearp: *Morehella esculenta*[J]. Mycologia, 74(1): 142-143.

Pagliaccia D, Douhan G W, Douhan L A, et al. 2011. Development of molecular markers and preliminary investigation of the population structure and mating system in one lineage of black morel (*Morchella elata*) in the Pacific Northwestern USA[J]. Mycologia, 103(5): 969-982.

Pilz D, McLain R, Alexander S, et al. 2007. Ecology and management of morels harvested from the forests of western North America[R]. Pacific Northwest Research Station.

Pilz D, Weber N S, Carter C M, et al. 2004. Productivity and diversity of morel mushrooms in healthy, burned, and insect-damaged forests of northeastern Oregon[J]. Forest Ecology and Management, 198(1-3): 367-386.

Read N D, Beckett A. 1996. Ascus and ascospore morphogenesis[J]. Mycological Research, 100(11): 1281-1314.

Robbins W J, Hervey A. 1959. Wood extract and growth of *Morchella*[J]. Mycologia, 51(3): 356-363.

Rohlf F J. 1993. NTSYS-pc numerical taxonomy and multivariate analysis system[D]. New York: State University of New York.

Schmidt E L. 1983. Spore germination of and carbohydrate colonization by *Morchella esculenta* at different soil temperatures[J]. Mycologia, 138: 870-875.

Stamets P. 2000. Growing Gourmet and Medicinal Mushrooms[M]. Berkeley: Ten Speed Press.

Stott K, Mohammed C. 2004. Specialty mushroom production systems: maitake and morels[R]. Rural Inustries Research and Development Corporation.

Thomas D B. 1951. Studies on the nutrition of *Morchella esculenta* fries[J]. Mycologia, 43(4): 402-422

Volk T J, Leonard T J. 1989. Experimental studies on the morel. I. Heterokaryon formation between monoascosporous strains of *Morchella*[J]. Mycologia, 81(4): 523-531.

Volk T J，Leonard T J. 1989. Physiological and environmental studies of sclerotium formation and maturation in isolates of *Morchella crassipes*[J]. Applied and Environmental Microbiology，55(12)：3095-3100.

Volk T J，Leonard T J. 1990. Cytology of the life-cycle of *Morchella*[J]. Mycological Research，94(3)：399-406.

Vos P，Hogers R，Bleeker M，et al. 1995. AFLP：a new technique for DNA fingerprinting[J]. Nucleic Acids Research，23(21)：4407-4414.

Vrålstad T，Holst J A，Schumacher T. 1998. The postfire discomycete *Geopyxis carbonaria* (Ascomycota) is a biotrophic root associate with Norway spruce(*Picea abies*)in nature[J]. Molecular Ecology，7(5)：609-616.

Willetts H J，Bullock S. 1992. Developmental biology of sclerotia[J]. Mycological Research，96(10)：801-816.

Winer R S. 2006. Cultural studies of *Morchella elata*[J]. Mycological Research，110(5)：612-623.

Wright S. 1949. The genetical structure of populations[J]. Annals of eugenics，15(1)：323-354.

Yoon C S，Gessner R V，Romano M A. 1990. Population Genetics and Systematics of the *Morchella esculenta* complex[J]. Mycologia，82(2)：227-235.

Yu S K，Christensen T M，Kragh K M，et al. 1997. Efficient purification，characterization and partial amino acid sequencing of two α-1，4-glucan lyases from fungi[J]. Biochimica et Biophysica Acta(BBA)-Protein Structure and Molecular Enzymology，1339(2)：311-320.

Zabeau M，Vos P. 1993. Selective restriction fragmentamplification：a general method for DNA fingerprinting：Paris，94202629 [P].